高等院校建筑学与设计艺术专业美术教学用书

钢笔徒手画表现技法

李延龄　刘鹜　李李　编著

中国建筑工业出版社

图书在版编目（CIP）数据

钢笔徒手画表现技法/李延龄等编著．—北京：中国建筑工业出版社，2012.8
（高等院校建筑学与设计艺术专业美术教学用书）
ISBN 978-7-112-14577-5

Ⅰ.①钢… Ⅱ.①李… Ⅲ.①建筑画－钢笔画－绘画技法 Ⅳ.①TU204

中国版本图书馆CIP数据核字（2012）第176321号

责任编辑：朱象清　杨　虹
责任设计：陈　旭
责任校对：刘梦然　陈晶晶

高等院校建筑学与设计艺术专业美术教学用书
钢笔徒手画表现技法
李延龄　刘骜　李李　编著
*
中国建筑工业出版社出版、发行（北京西郊百万庄）
各地新华书店、建筑书店经销
北京嘉泰利德公司制版
北京中科印刷有限公司印刷
*
开本：787×1092毫米　1/16　印张：7　字数：170千字
2012年8月第一版　2012年8月第一次印刷
定价：36.00元
ISBN 978-7-112-14577-5
（22625）

前　言

随着科技的进步，计算机辅助设计早已进入到各设计领域，但我们认为“建筑手绘”还将继续为设计服务，乃至永远。

目前，设计人才的竞争非常激烈，通过考试择优录取，有关建筑手绘的考试也愈来愈多，例如：各高校的考研快题考试，各大设计院的就业快题考试，以及注册建筑师执业资格作图题的考试等等，都采用建筑手绘的形式进行考试，可谓越考越难。从中也不难看出，建筑手绘已成为衡量一名建筑师或未来设计师业务水平高低的重要标准。

建筑手绘可分为徒手表现和尺规表现两部分，其手绘基础还是在于钢笔徒手画，它是建筑师们必须掌握的基本功之一，也是建筑师们的语言，它贯穿于建筑设计的全过程。“钢笔徒手画表现”分为线、形、细部、阴影、构图、透视等内容，详细地介绍了钢笔徒手画的基本作图技法，同时，进一步介绍了配景与材质、步骤与画法、范例赏析和彩铅的表现等，深入浅出一一介绍给广大读者。

这部分内容将结合不同年级的需求而分册编写为以下两书：

（1）《钢笔徒手画表现技法》；

（2）《建筑方案设计的表现》。

它是“建筑初步”和“建筑设计基础”课程的配套读物，忠实地为初学者服务。

本书在编写的过程中，我们曾得到很多建筑大师和同行的支持与帮助，在此深表谢意，同时对书中的不足也请各位读者批评指正。

目 录

1 概 述

钢笔徒手画是建筑师的基本功之一，更是相互交流的语言。一支笔、一张纸就可快速捕捉形象、资料搜集、设计推敲、成果展示，以最快捷的手段给以表达出，将自己头脑中的设计形象转换为二维或三维的图形展示给他人。

这种设计形象的转换与表达都离不开徒手表现中的各种要素，例如：线条的组合、光影的渲染、构图的技巧、透视的规律，以及平时大量的建筑配景练习和建筑速写的临摹与训练。

运用快捷、自信、果断而又准确的笔触来表达，以获得令人赏心悦目的设计形象，这是一种很可喜的过程。但就需要较好地掌握钢笔徒手画的基本技法，并在简单的练习中花费大量的时间才能取得。

学习钢笔徒手画，并非一朝一夕的事，俗话说“冰冻三尺非一日之寒”，对于一名初学者来讲一定要持之以恒，这就是所谓的“练手”，这也是训练技能提高行之有效的方法。很多优秀的建筑师在学生时代就养成了“每天画几笔”的习惯，日积月累，练就了得心应手的徒手功夫，忠实地为建筑设计服务。

2　线

线是钢笔徒手画中最基本的要素，只有通过大量的各种线条练习，才能熟能生巧。

徒手画的握笔一定要自如，运笔要放松，其不同部位的运笔也会产生不同的效果。

运笔一次一条线，切忌小段反复描绘。过长线可分段画，不宜搭接。

宁可局部小弯，但求整体大直。

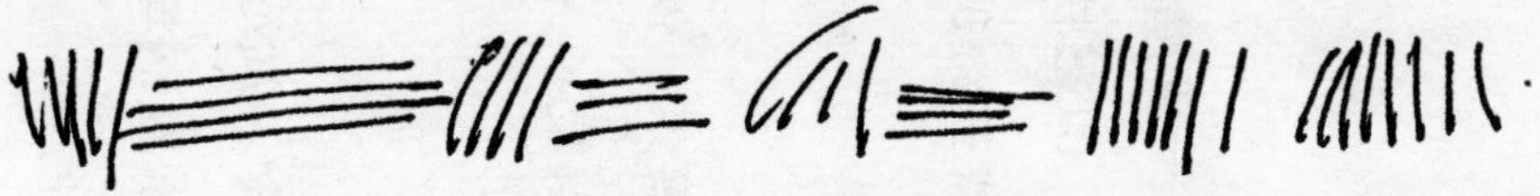

手指运笔——笔触较短

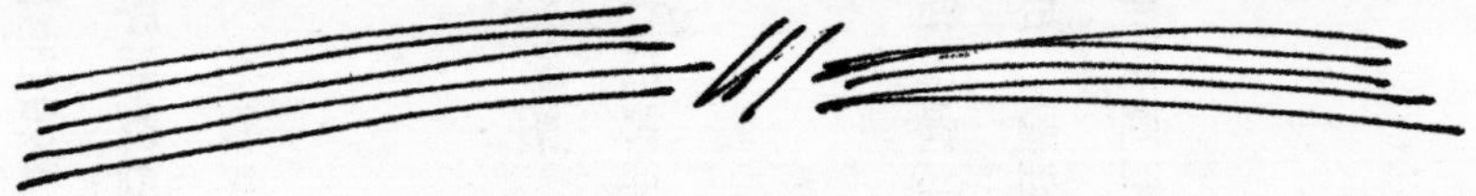

手腕运笔——长度增加但有一定弧度

肩和肘运笔——长度增加线条挺直

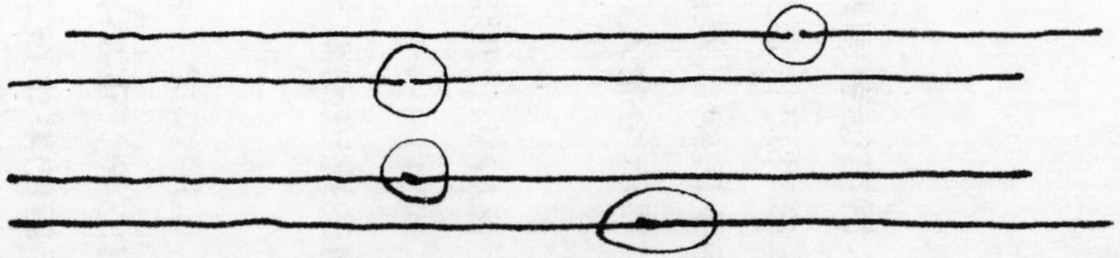

较长的线可分段画，不宜搭接

2—1 线条的排列

A．自由、松弛线条的排列，具有一定的随意性和活泼感。

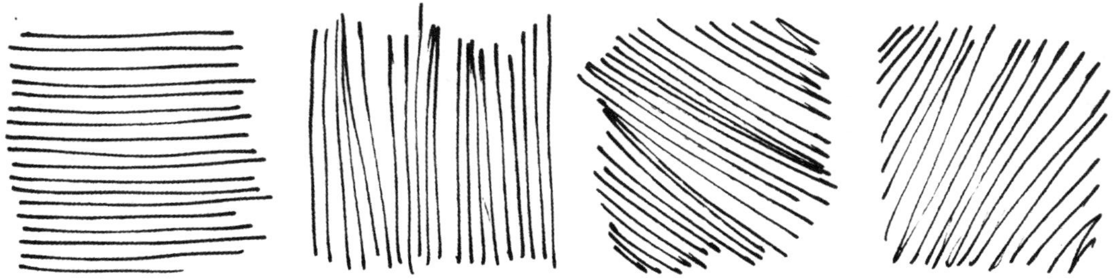

B．严谨、有序的线条排列，体现出一定的庄重与大气。

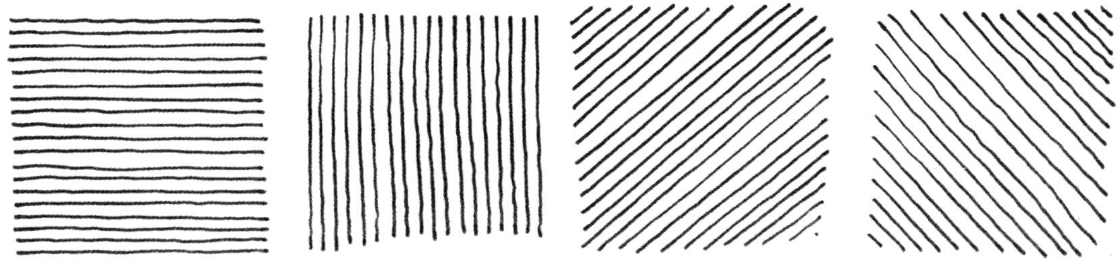

C．略带一定弯曲的线条排列，既有严谨线的庄重又显自由线的活泼。

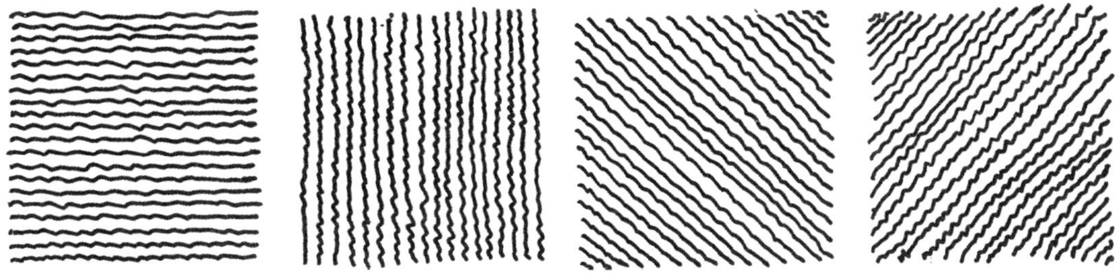

2—2 线条的组合

A．松弛线条较自由地排列，反映出不同的灰度与体积感。

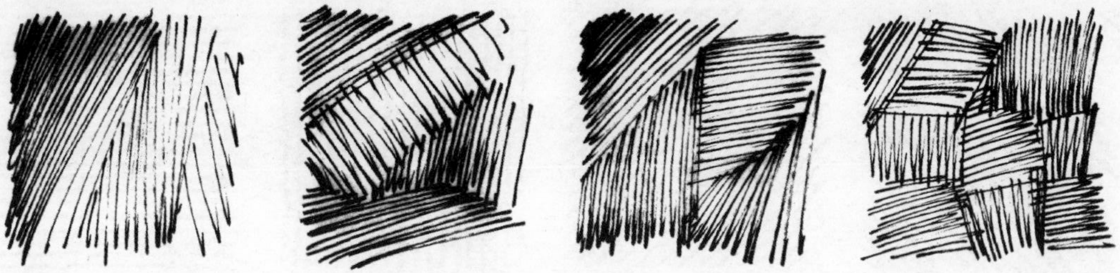

B．松弛线条进行有序地排列，反映出一定的过度与渐变。

C．略带一定弯曲的线条按一定的规律进行排列，反映不同的过度与渐变。

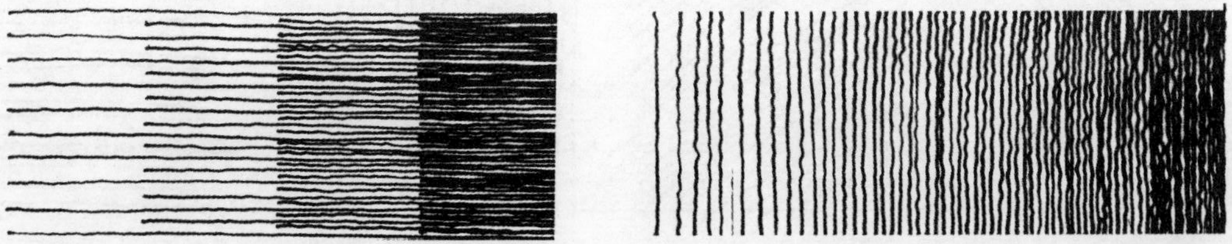

2—3　趣味的组合

对于一名初学者来说，不断地练习各种不同的线条是非常重要的，不同线条的组合均会产生出不同的效果。

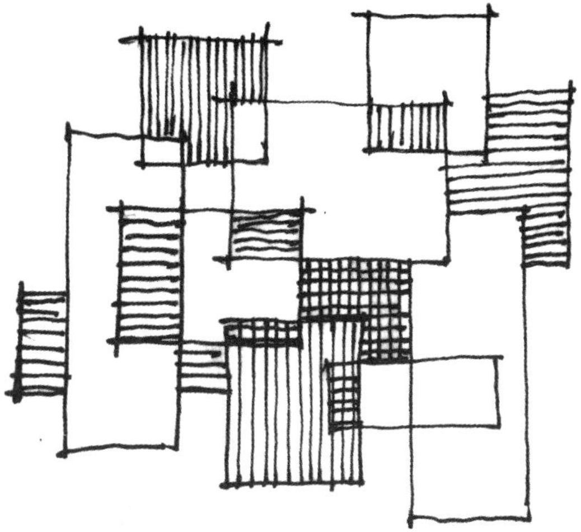

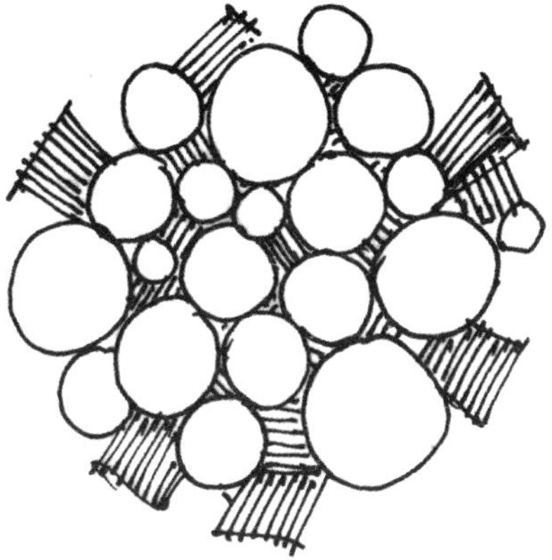

线条的趣味性组合，又会产生一种别样的感觉，不妨练习一下，不拘形式地多动手，不知不觉地，各种娴熟而又流畅的线条也就出来了。

这样的练习还是很重要的噢……

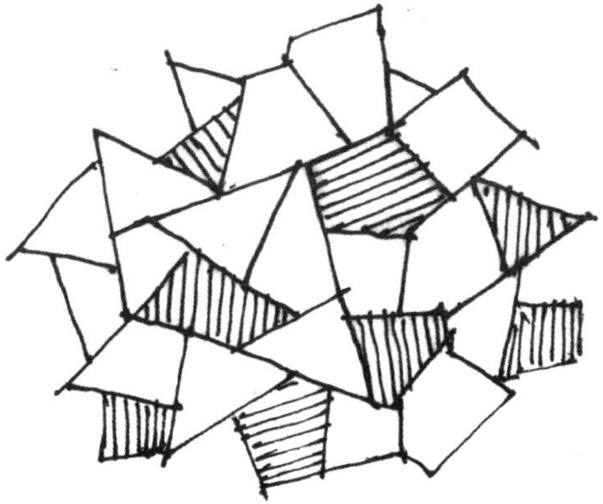

2—4 线的应用

同一栋建筑采用了不同线的画法，得到的效果也就会不同。

A. 给人简洁明快和自由活泼的感觉。

B. 富有自由风趣而充满艺术的感觉。

C. 有着严谨有序而端庄大气之感觉。

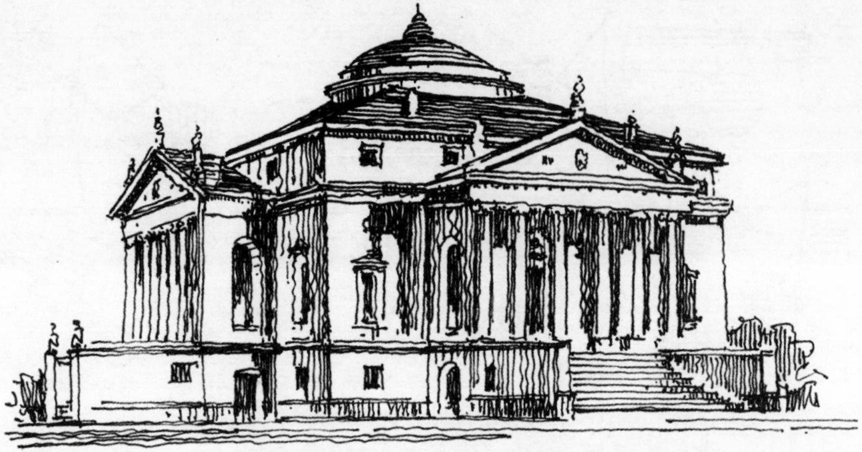

C. 运用较严谨而有序排列的线条（有光影）

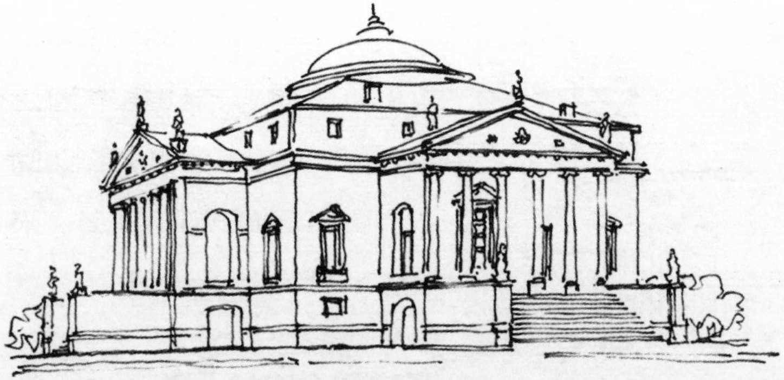

A. 运用松弛而自由的线条（无光影）

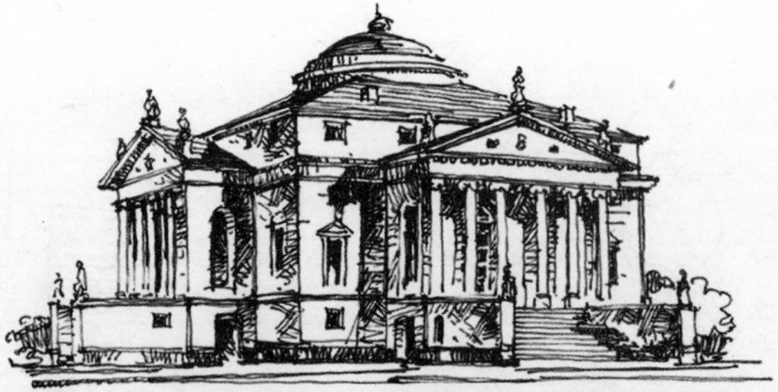

B. 运用较自由交叉排列的条（有光影）

3　形

我们所见的建筑形体，可以说是千变万化、千姿百态，但这些形态都不外乎由几个或多个简单的几何体形所构成，并通过徒手线条给以表现出来。

不同的几何体组合在一起，它们间会存在不同大小、不同方向和不同曲直的元素及不同的比例。

所以，我们在表现时，一定要仔细观察与分析它们不同元素和比例之间的关系，并迅速地将其准确地表达。

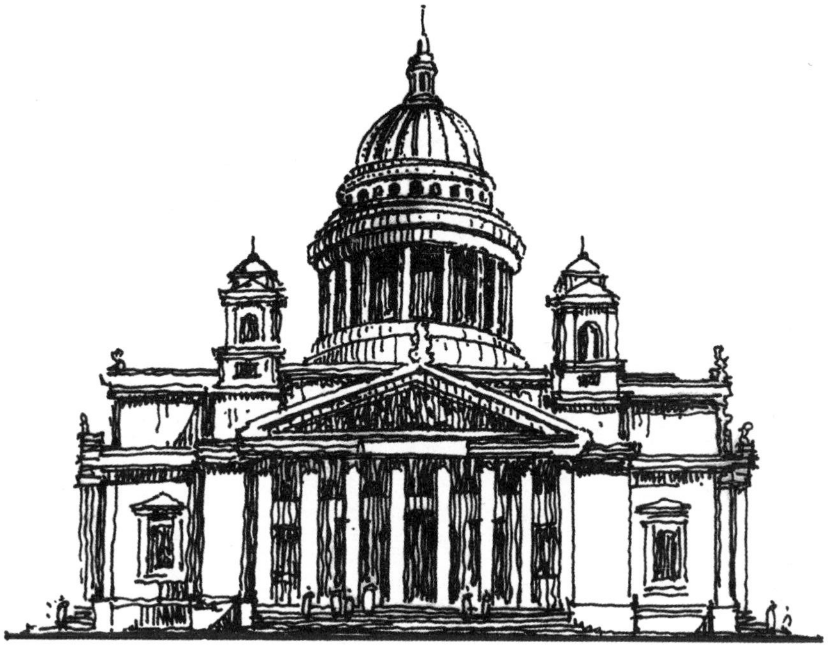

3—1 不同的几何体组成不同的建筑

土耳其　圣索菲亚大教堂

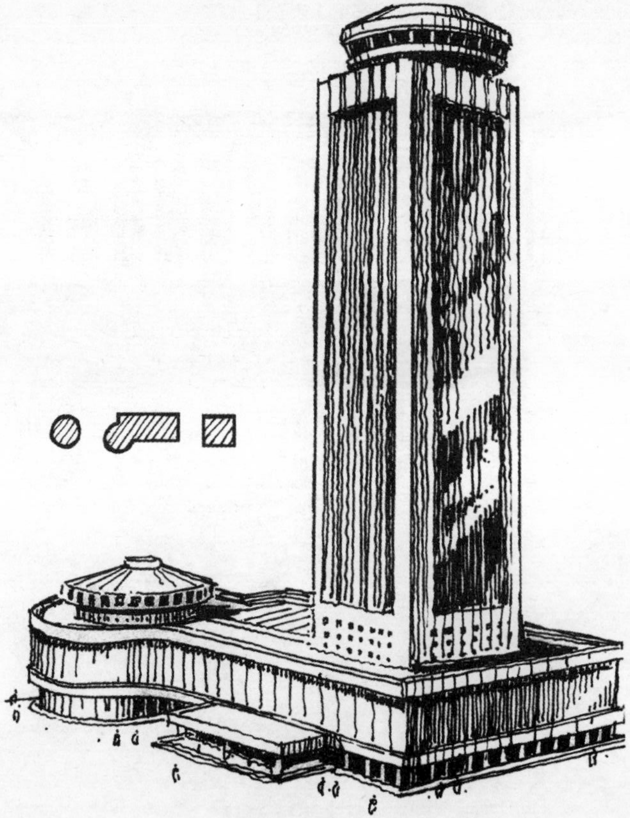

深圳　国贸大厦

不同比例的几何体所组成不同的建筑，给人不同的感受，它们之间必定存在一定的内在联系，我们在作画时一定要仔细观察与分析，找出其相应的比例与关系。

3—2　几何体的练习 —1

建筑体型都是由不同的几何形体所组成，初学者必须对不同的几何体进行勾画。

用线要大胆，掌握各几何体的构成要素，以及内在的比例关系。

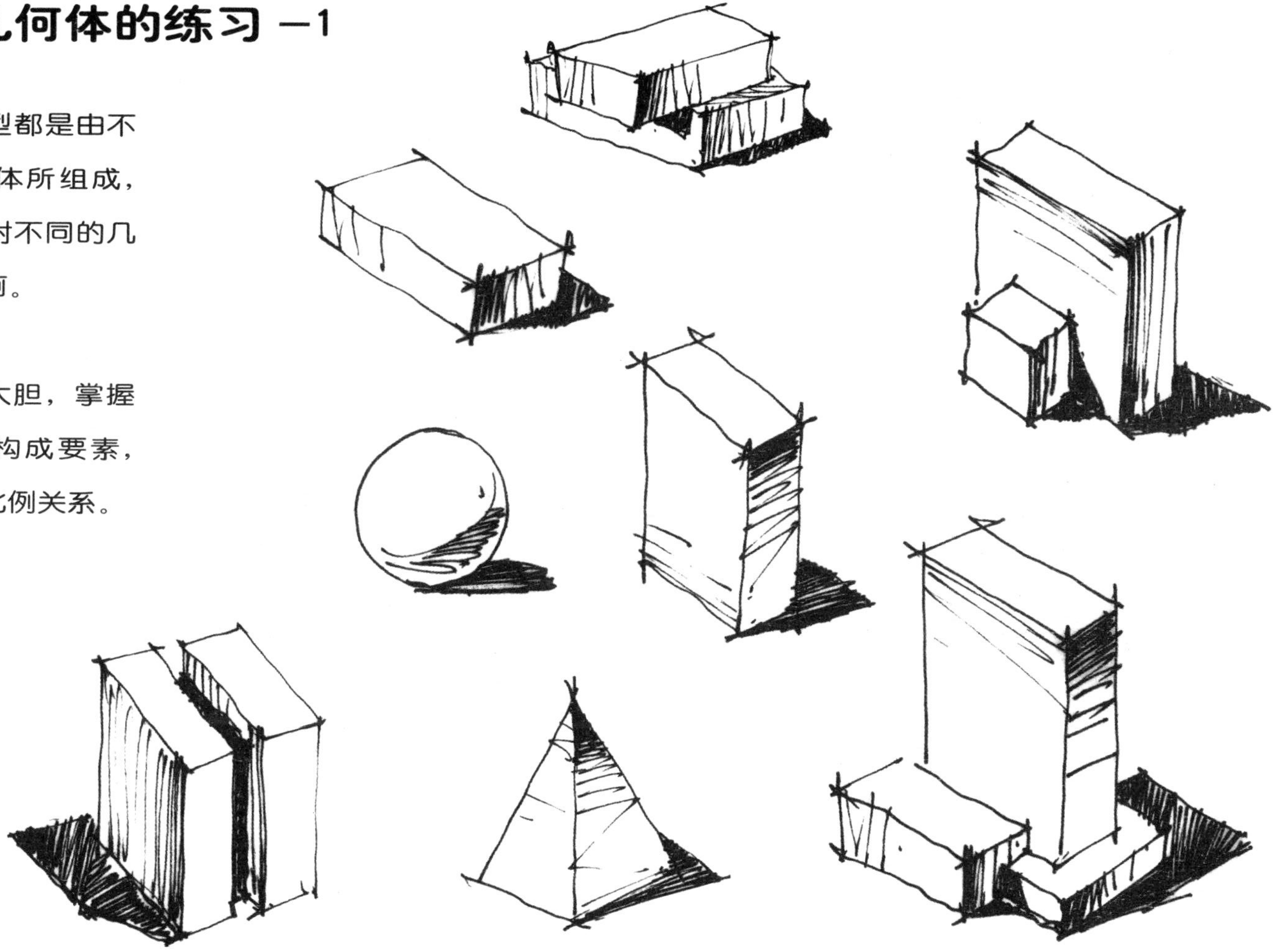

几何体的练习 —2

同样的几何形体，由于线条的组合方式不同，所达到的效果也会不一样的。前者给人轻松、自由的感觉，后者更严谨、公正一些。

前者写生时用得多一些，后者建筑设计表现时用得多一些。

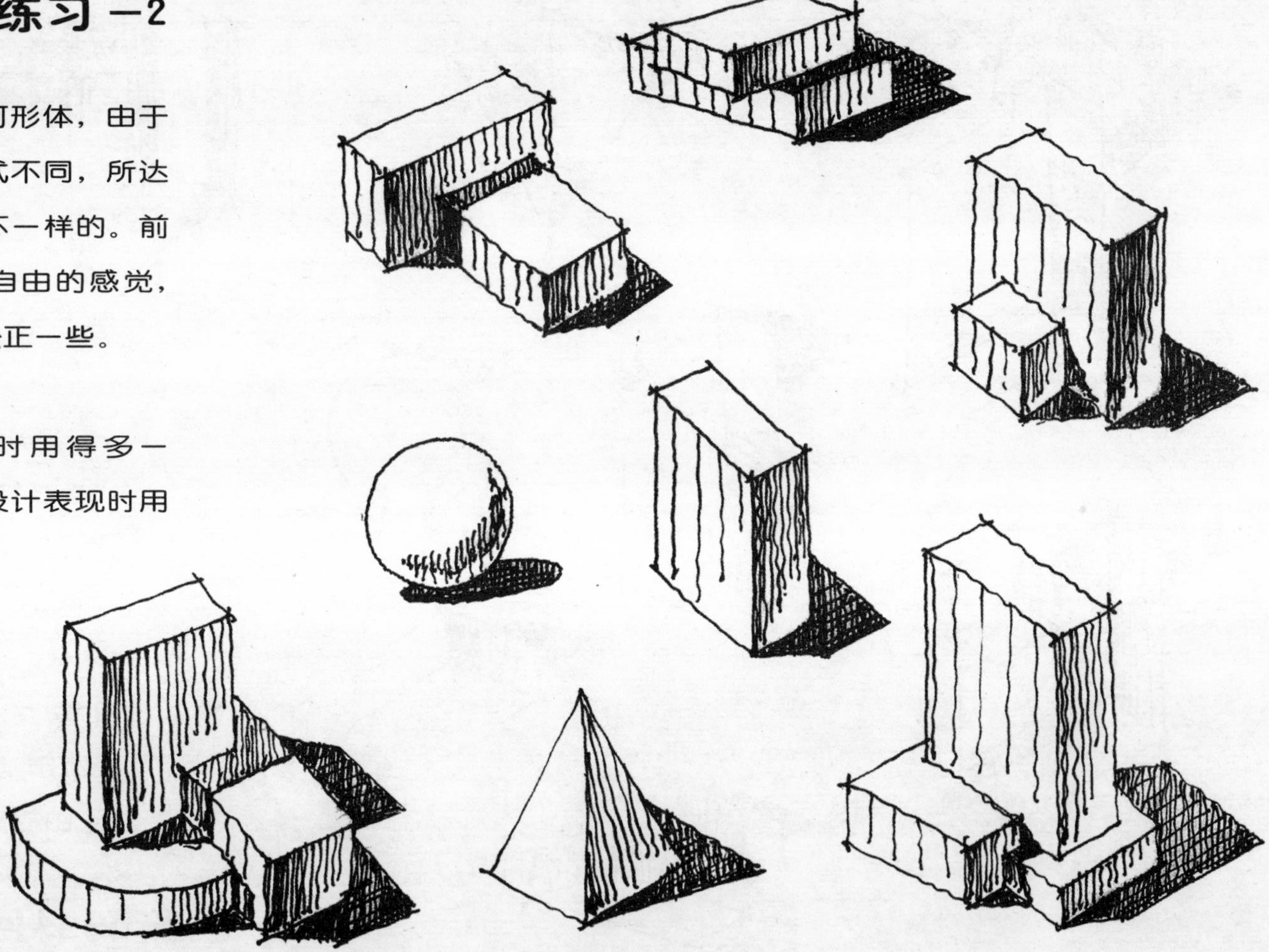

4 细 部

细部是一幅建筑画的重要组成部分，缺少了细部会使画面不完整，也达不到表达的效果。

这里所指的细部，主要指建筑物各构部件的细化，如门、窗、阳台、雨篷等等。

A．基本形体

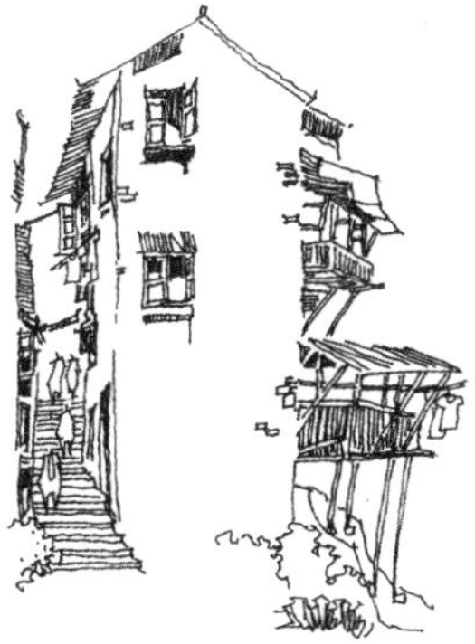

B．细部

C．基本形体 + 细部 = 成图

在实际的作图中，其基本形体可以用铅笔稿绘制，首先，勾画建筑物的各大构部件，比例确定后再深入细部。

基本形体

形体 + 细部

5 阴 影

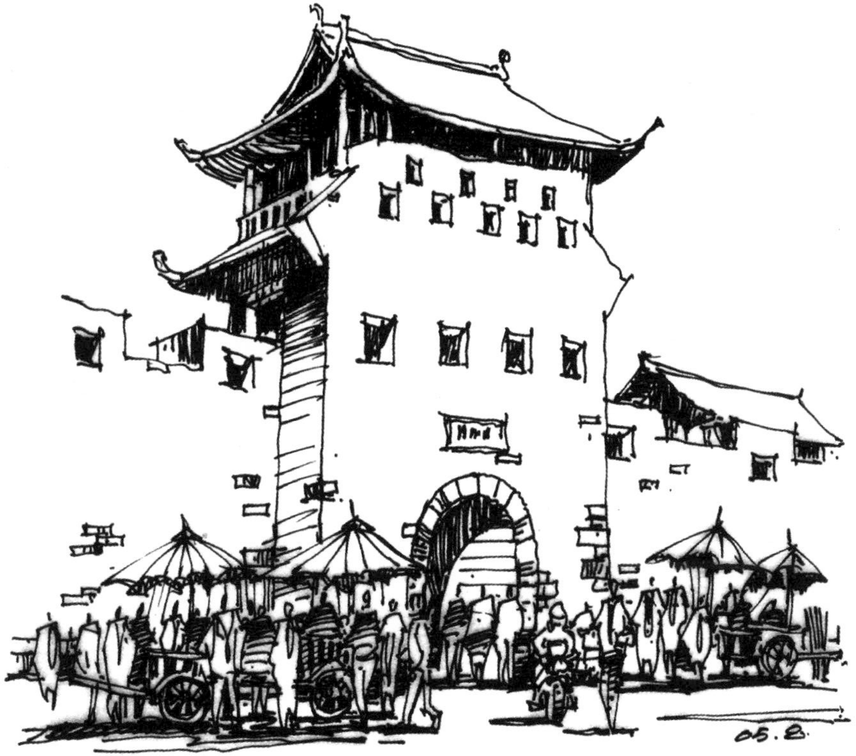

在阳光的作用下，所有的形体都会产生影子，形与影的结合会给形增加更多的真实感与立体效果。

在阳光作用下的同时，具有三维立体的形体上又会产生出“光面”、“阴面”和“影面”，这给我们作画带来了“黑白灰”三个不同的调子，极大地提高了艺术感染力。

但是，光线作用下的影子也并不是一团漆黑的，随着环境和光线的反射与变化，其阴和影的明度也都会起着神奇的变化。

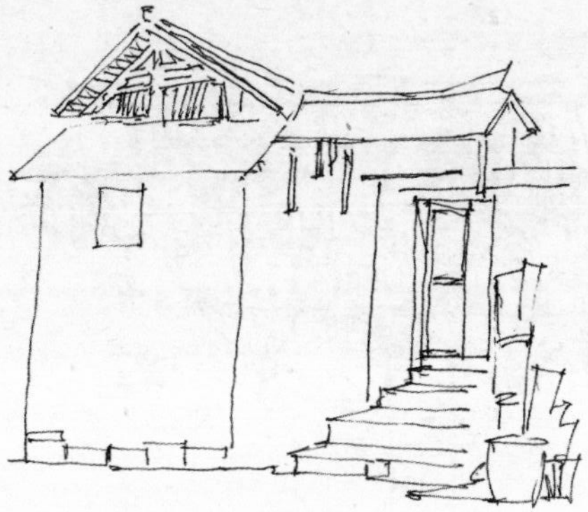

基本形体

基本形体 + 细部

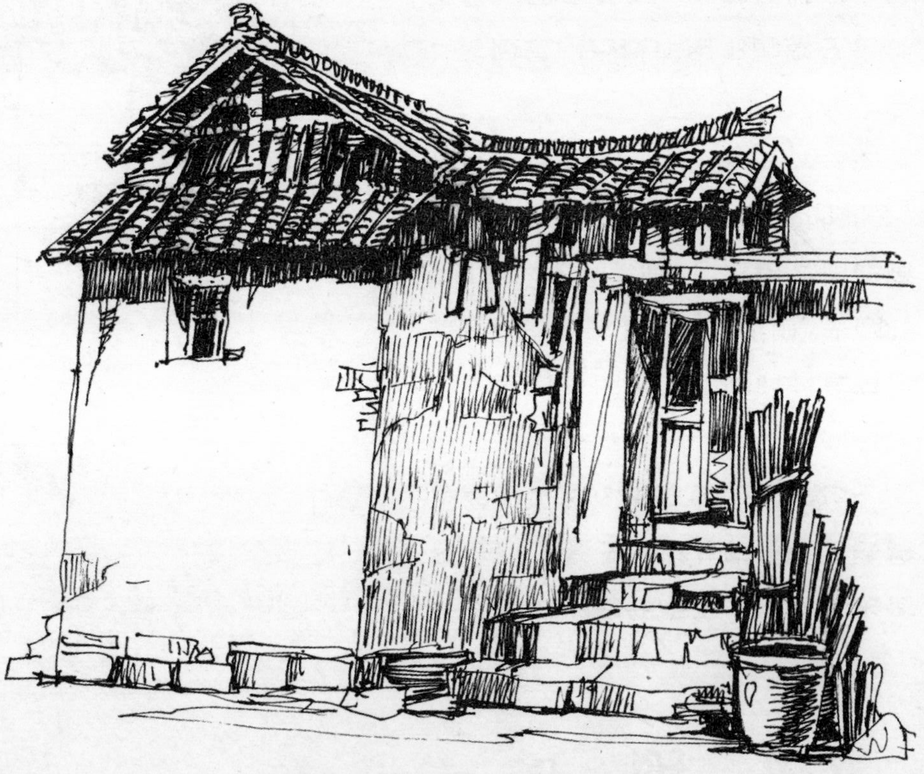

基本形体 + 细部 + 阴影 = 成图

6 构 图

所谓构图，简单地说就是对图面的组织与安排。作画时，观察对象根据所要表达的意图，将某一景物在画面中的位置进行布局与安排。其实，对画面的构图还是存在比较多的技巧和讲究的。但对于初学者来讲，首先要学会最基本的构图。

一般来说，对于单一景物的画面构图，主要根据景物与环境在长、宽、高等比例的关系进行构图。例如：景物呈偏长形的可横向构图，而景物呈竖向高耸形的，且可采取竖向构图。但对于某些多景物的群体场景，又可根据不同的表达意图进行不同的构图。

画面的构图还应该包括所绘的景物在画面中所占用的容量与位置，容量的过大或过小、位置的偏高或偏低、或偏左偏右等，都会给构图带来不必要的瑕疵。

6—1 根据建筑物的不同比例进行构图

对初学者来讲，最基本的构图可根据建筑物的不同比例，进行不同方向的构图。

建筑物呈扁长形故采用了“横向构图”，建筑物呈高耸形的一般都会采用“竖向构图”。

中石化某加油站

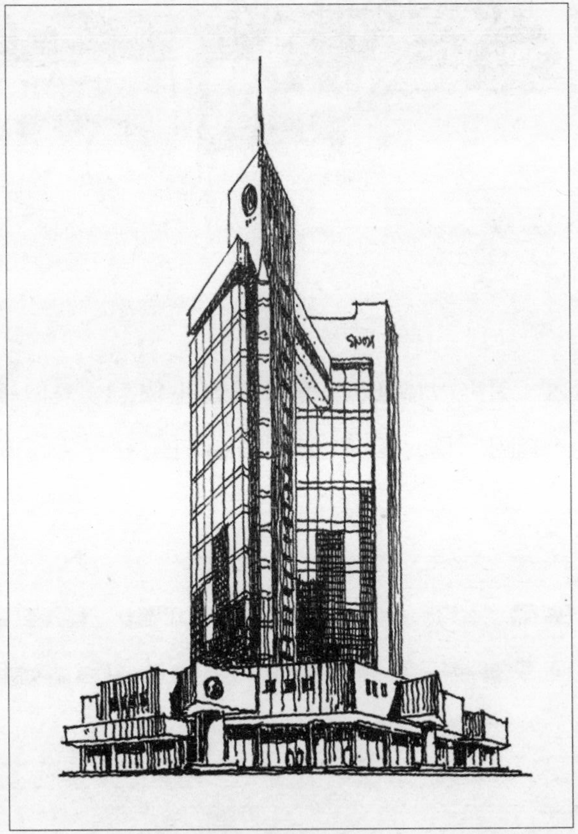

某综合办公大楼

6—2　根据表达的需要进行不同的构图

对于某一建筑群体来讲，它的构图通常可根据表达的需要来进行不同的构图。不同的构图会带来不同的感觉。

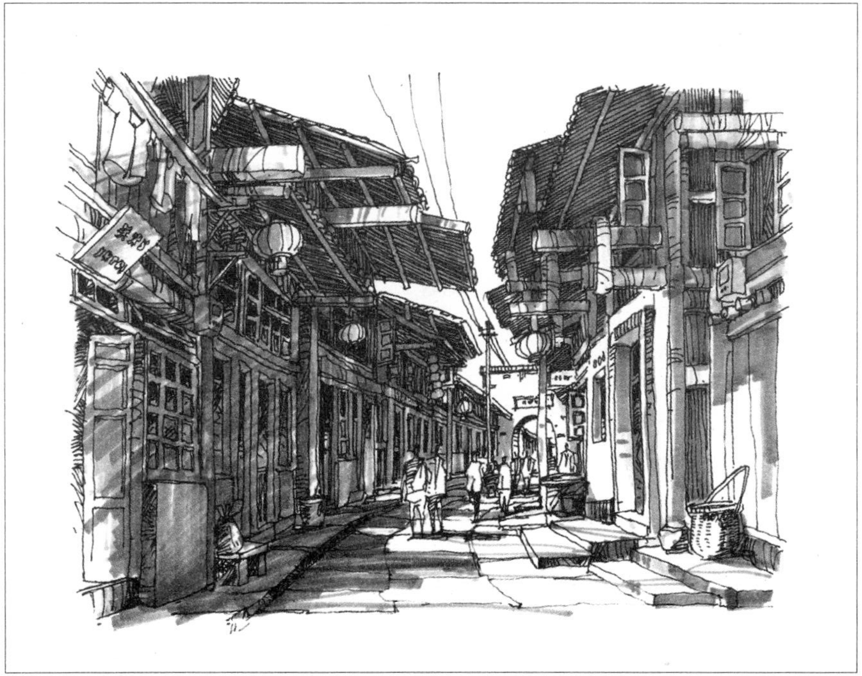

横向构图场景更为宽阔，进深加大

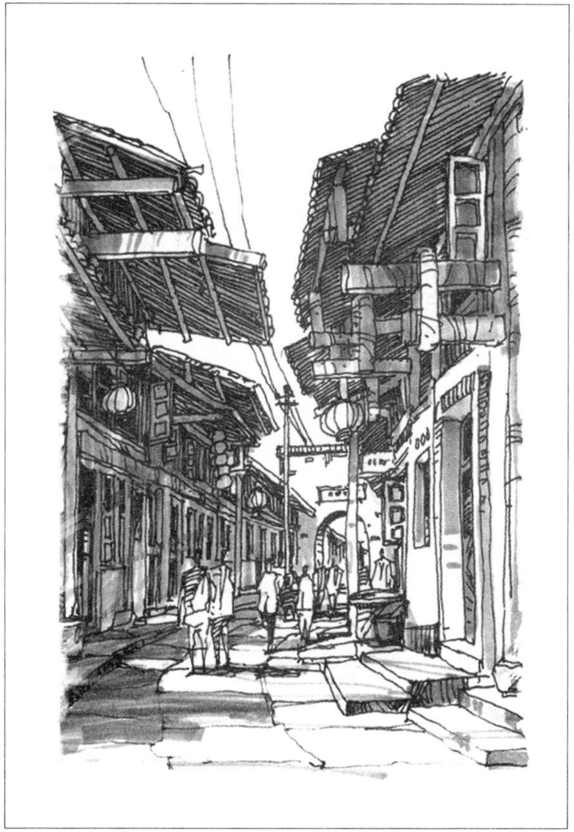

竖向构图场景缩小，景物清晰

6—3 建筑物在画面中的位置

建筑构图还应该包括建筑物在画面中的位置，如图：

A．偏左了前方压抑

B．偏下了地面太少

C．偏上了天空太少

D．整个建筑物太小

E．建筑物位置适中

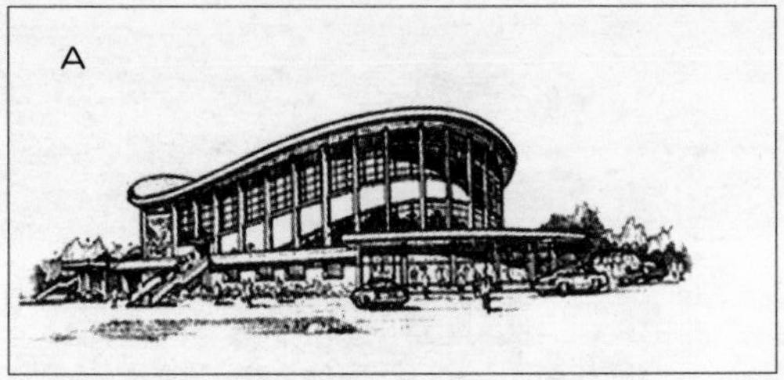
A

B

C

D

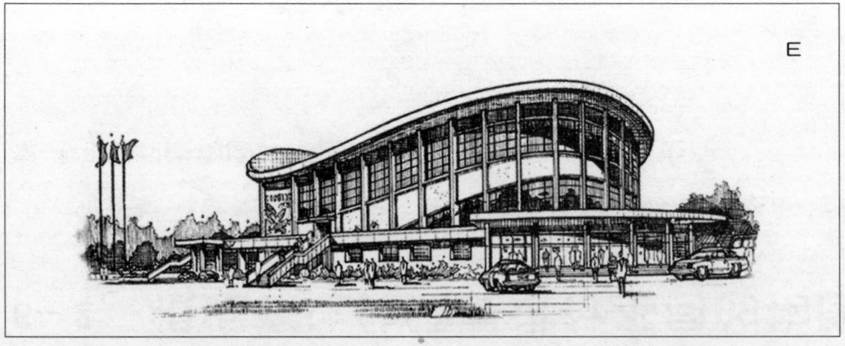
E

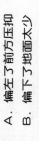

7 透 视

钢笔徒手画在作图过程中，我们所绘的建筑透视绝大部分都是一点透视和二点透视，有时也会用到三点透视。

对于初学者来说，透视概念还不强，不妨试用一下透视纸的方法，把透明纸覆盖在透视纸上，然后再作画，这一方法只能短时间内帮助建立透视概念使用，决不能依赖。

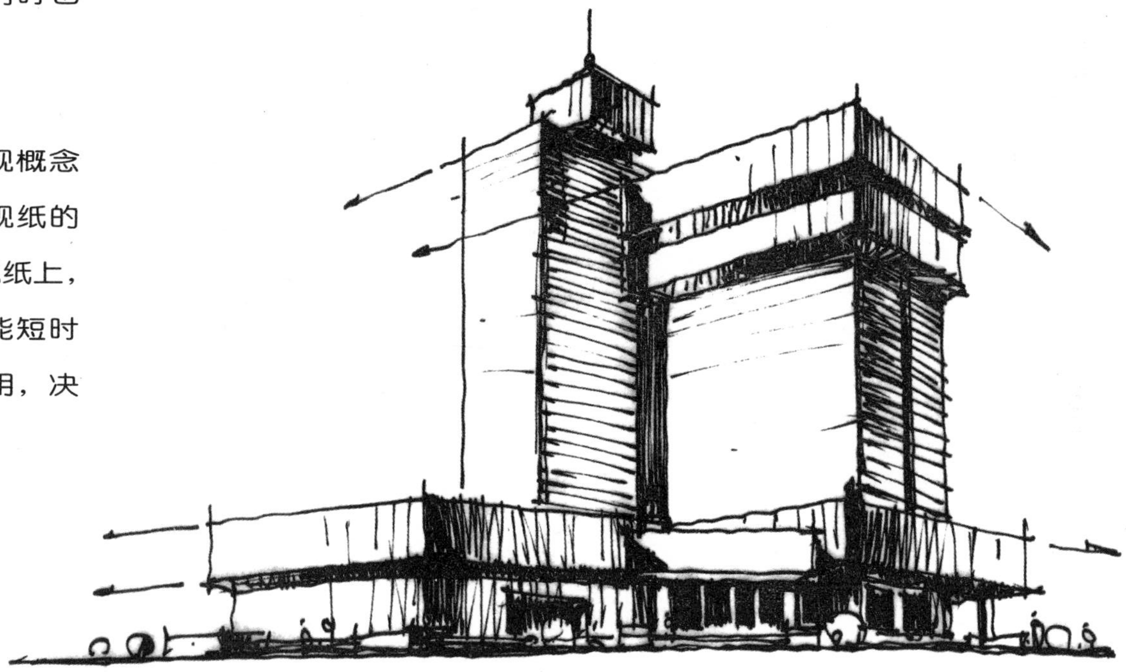

7—1 一点透视

一点透视也称平行透视，适用于横向场面宽阔的场所和面窄而进深较深的小巷子，以及较多的室内空间。

其灭点位置不宜在画面正中，一般以 1/3 为好。

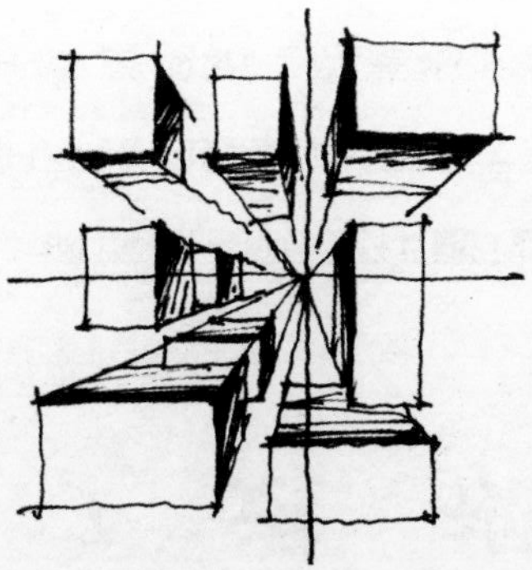

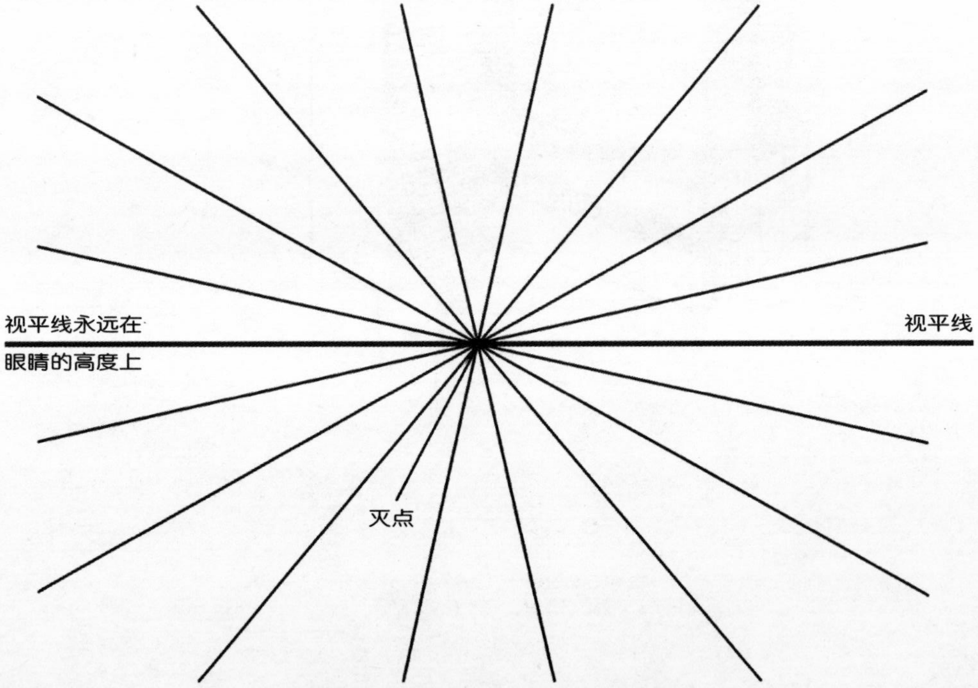

一点透视　透视纸（不宜长期使用）

某商业一条街，两侧大楼高低起伏，需要反映其街景全貌，通常都会采用一点透视，并将透视灭点定在画面的 1/3 处或者 2/5 处。

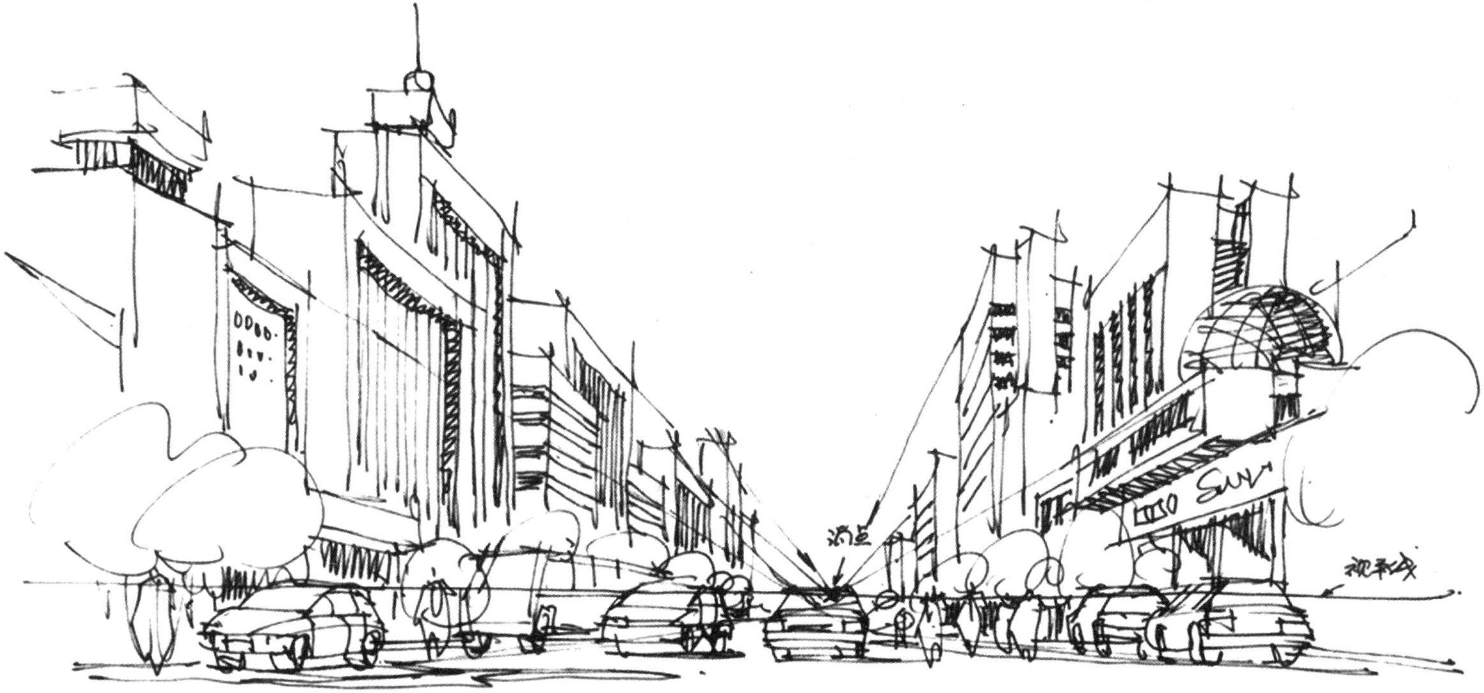

民居写生，在狭小的弄堂或小巷内，通常也都会采用一点透视，其灭点不要在画面正中间略偏一点，其灭点的高度也不要高，建议 1～1.5 米为好，这样，容易产生亲切感。

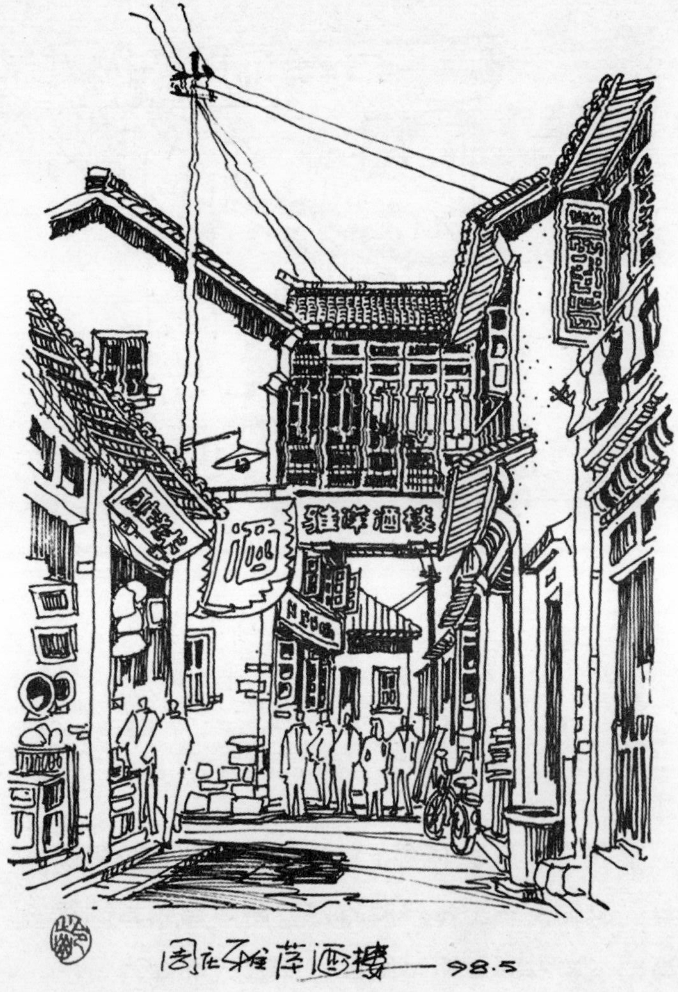

7—2　二点透视

二点透视即成角透视，相比一点透视效果更逼真、自然，与相机拍摄的显像原理相同。

其视平线的高度可根据作画的需要而定。

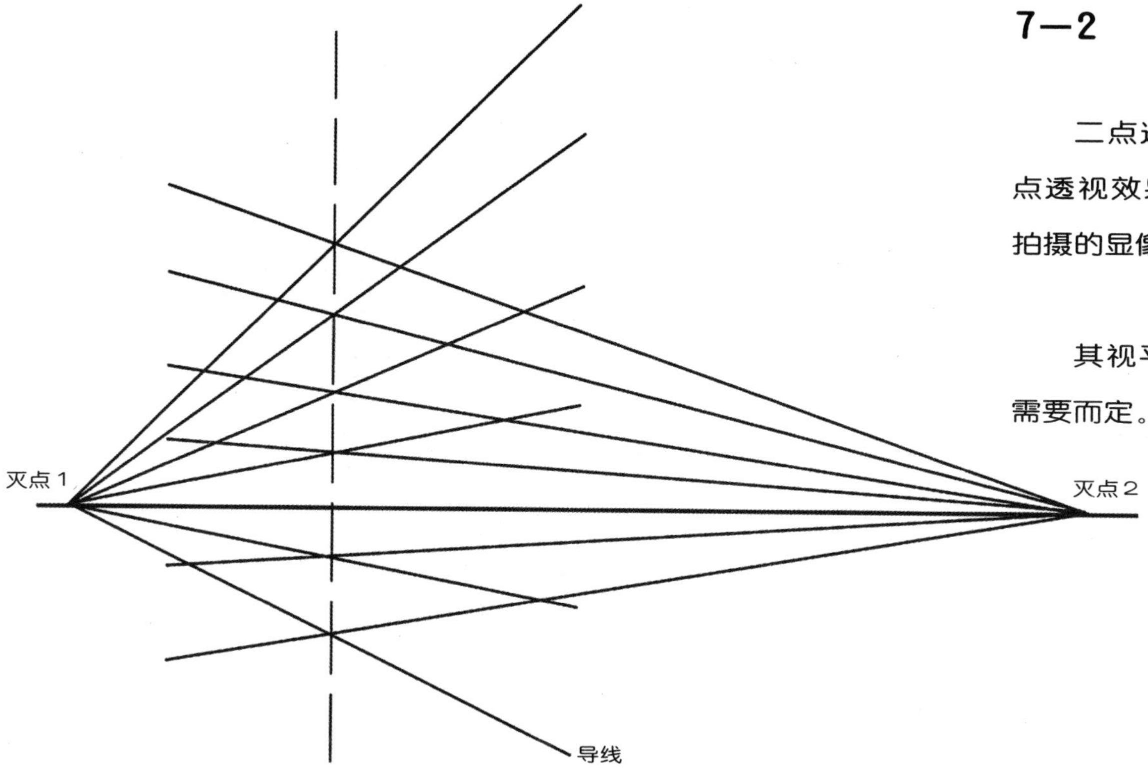

二点透视　透视纸（不宜长期使用）

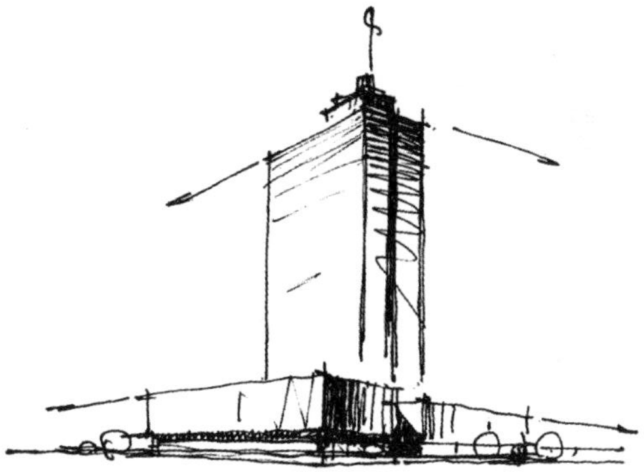

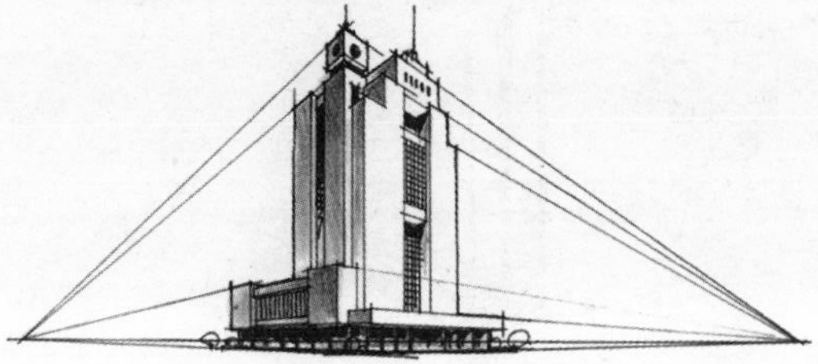

二点透视其表现的真实性较好，被更多的设计师们接受，也是建筑设计过程最常用的一种透视。

初学者往往会把视平线定的很高，通常宜定在1～1.5米，甚至更低。

7—3　三点透视

三点透视，一般常用于表现高层建筑，以显示出建筑物的高大与雄伟。除了左右两个灭点外，还会有一个向上消失的“天点”。

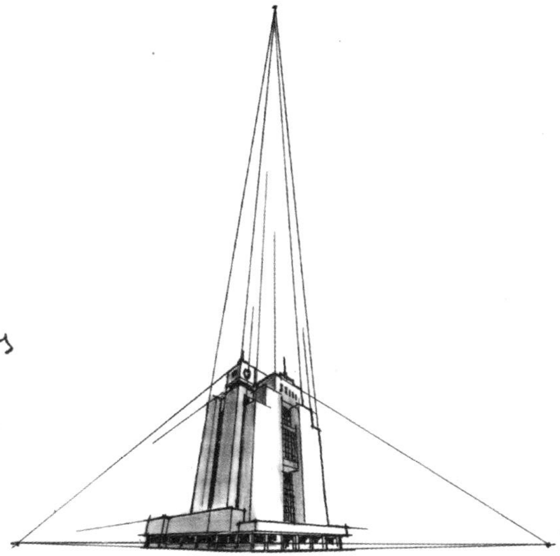

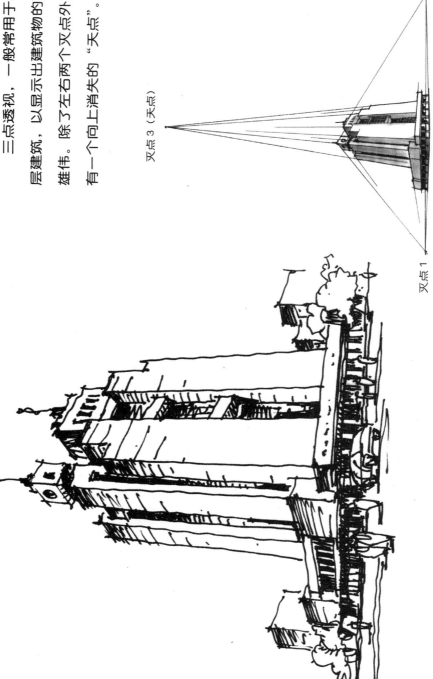

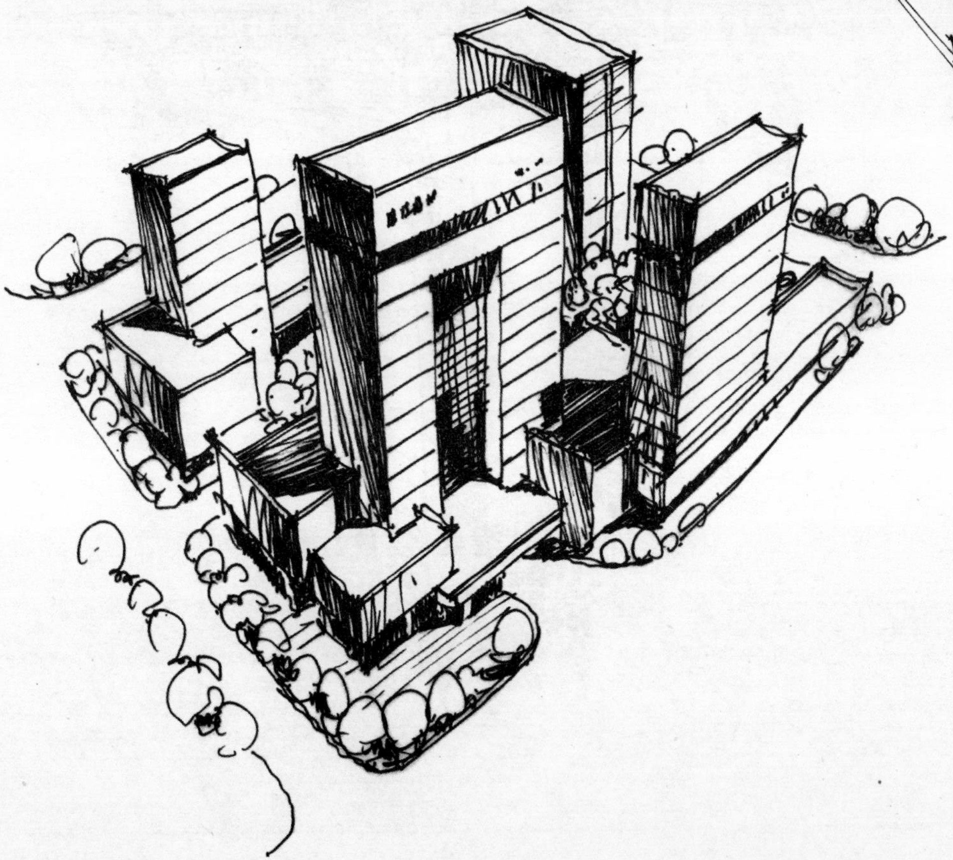

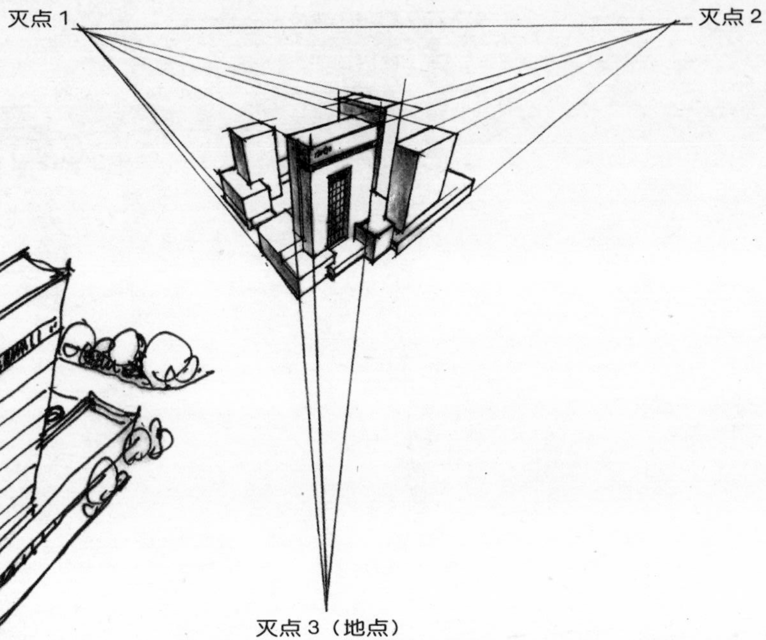

同样三点透视，将视平线提高，向下透视从而产生出“鸟瞰图”。

鸟瞰图，通常用来画建筑物总体和小区规划图，一目了然。

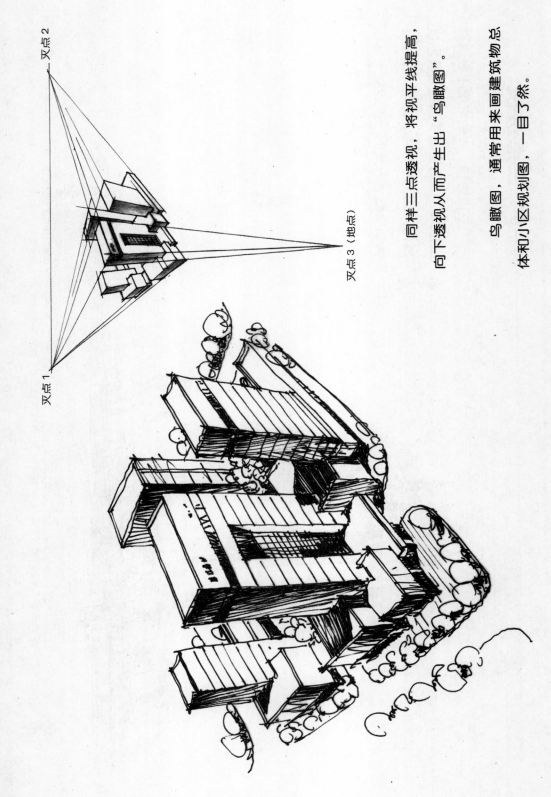

8 配景与材质

在钢笔徒手画的练习中，各种配景与材质是建筑环境表现的重要组成部分。表现得当可更好地烘托画面的生动感和逼真感，从而增加画面的艺术感染力。

配景涉及要表现的景物也比较多，首先是车、树、人，同时还会有人类生活中的各种生产工具和生活用品。这一些配景都是为了更好地映衬景物的主体，并起到画龙点睛的作用。

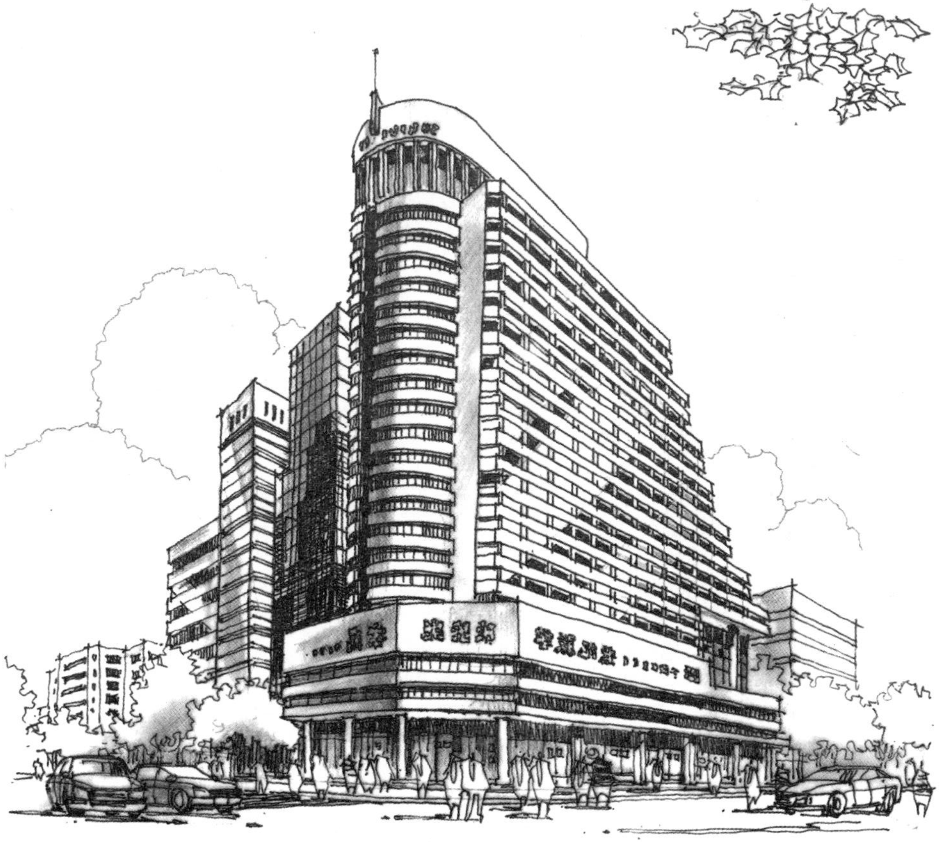

8—1　配景 1：树木

树木千姿百态，我们可以先从最常见的树木中选择一些进行分析。

首先，掌握不同的特征，同时，了解树枝生长特点，不同的树形会有不同的生长规律，最后，还应该搞清楚树的明暗与体积关系。

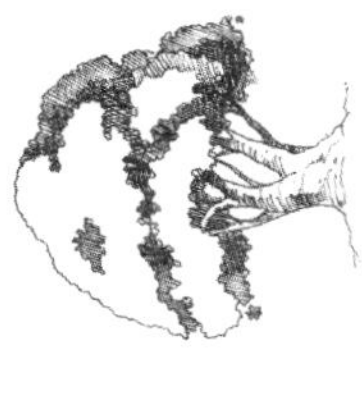

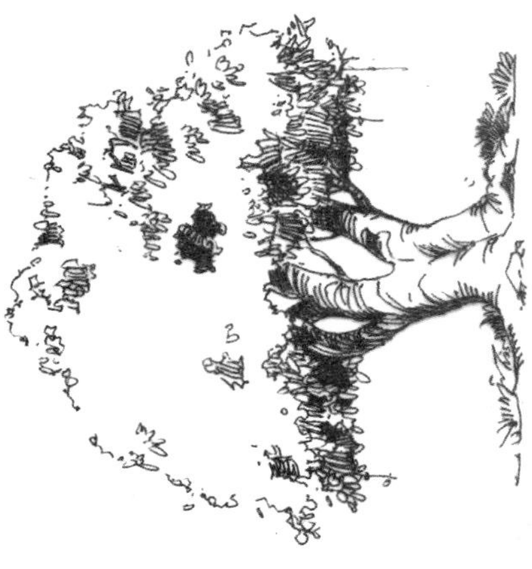

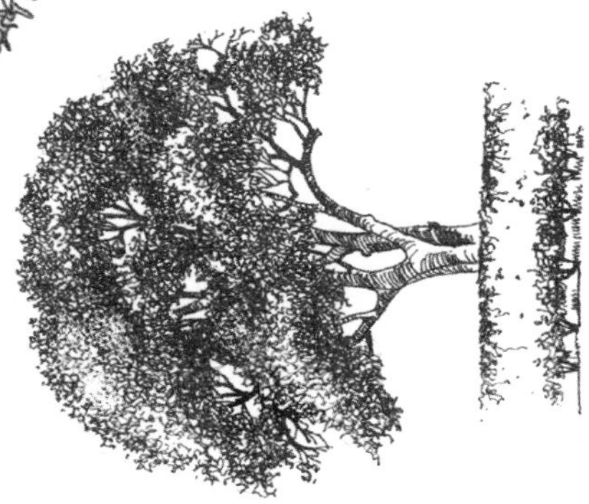

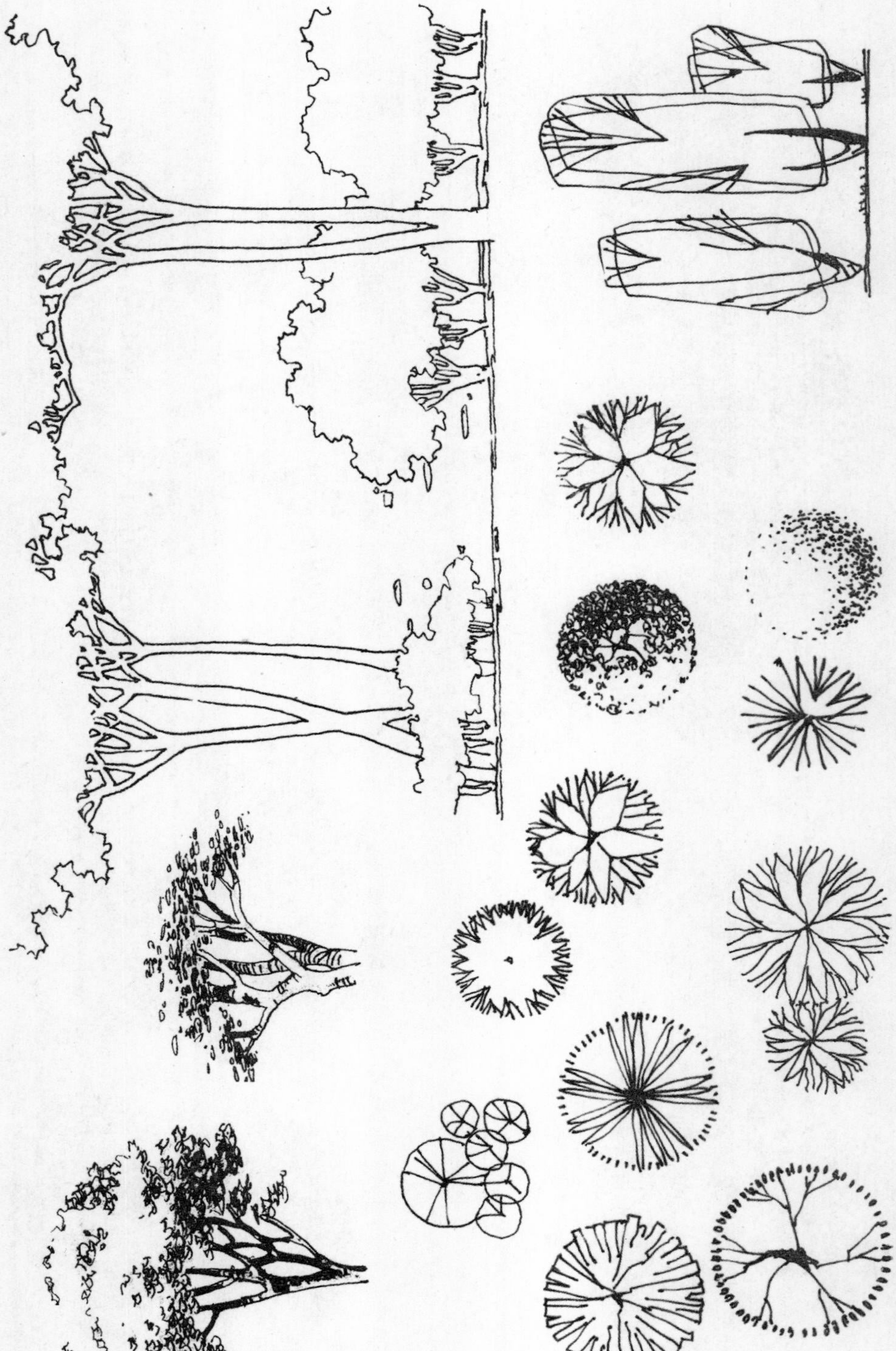

8—2　配景 2：车辆

车辆也是建筑画中比较主要的配景。各种车辆的绘制，首先，要掌握其基本形状与比例，特别是车辆各部位的比例。准确表达能给画面增加不少气氛与生机。

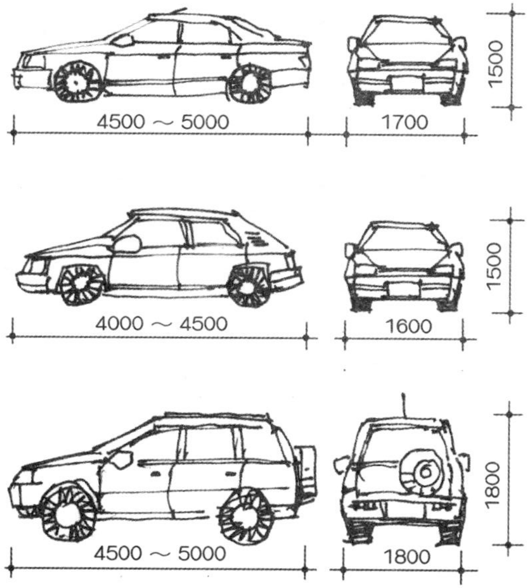

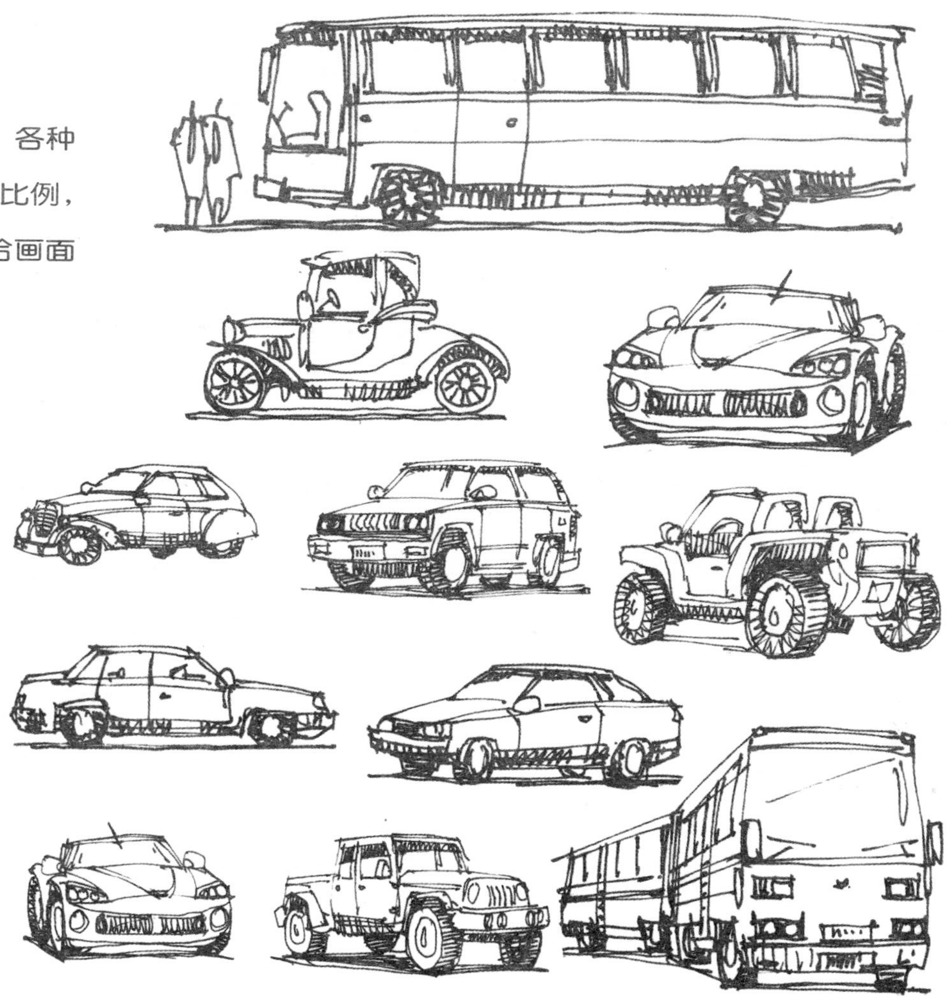

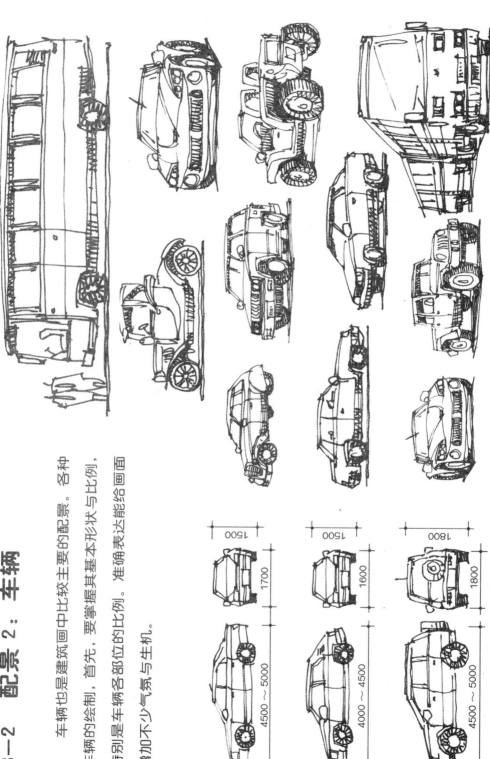

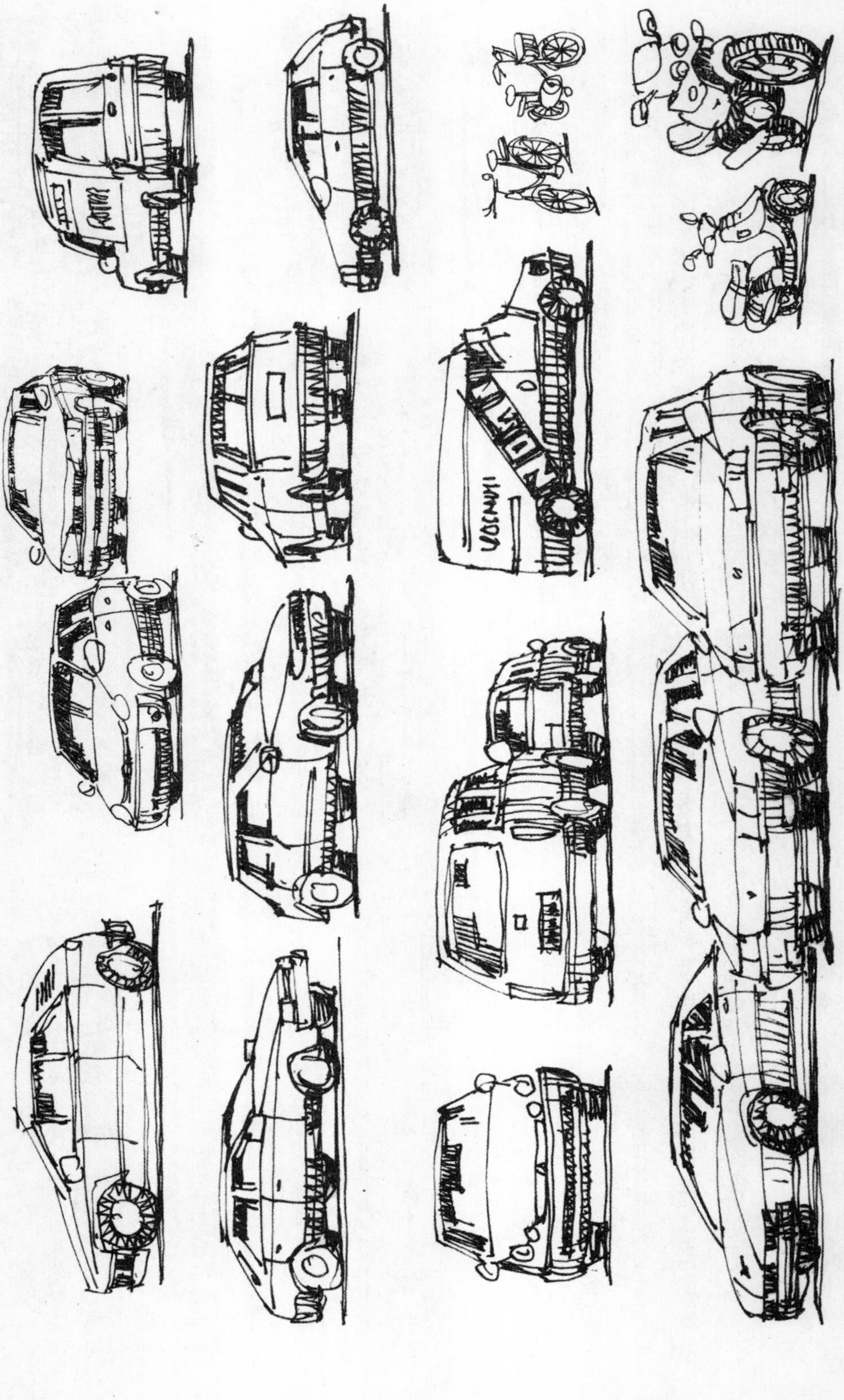

8—3　配景 3：人物

人物的配置，给建筑物增添了极大的生机和尺度感。对于人物的绘制，只求人体的基本动态轮廓与建筑物有一个尺度关系即可。

人体高度通常控制在 1.6～1.8 米之间，一般情况下不宜细部刻画和近景描绘。

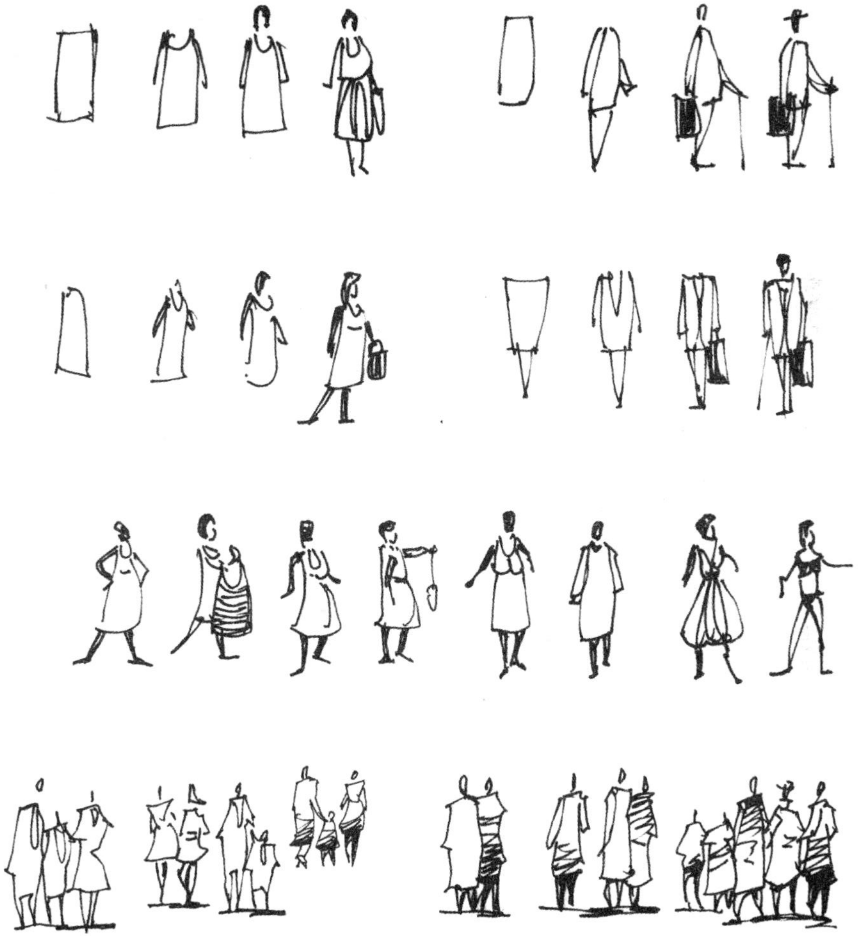

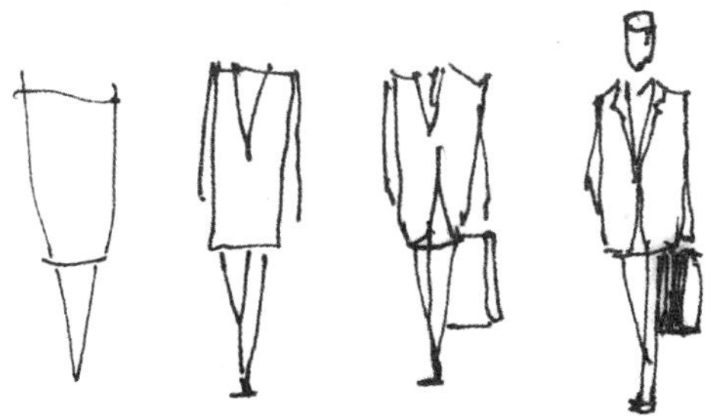

8—4 生产用具与生活用品

在建筑徒手画的过程中，我们还经常会碰到一些农家的生产用具和生活用品，增添这些配景会给画面增加不少生活气息和活力。

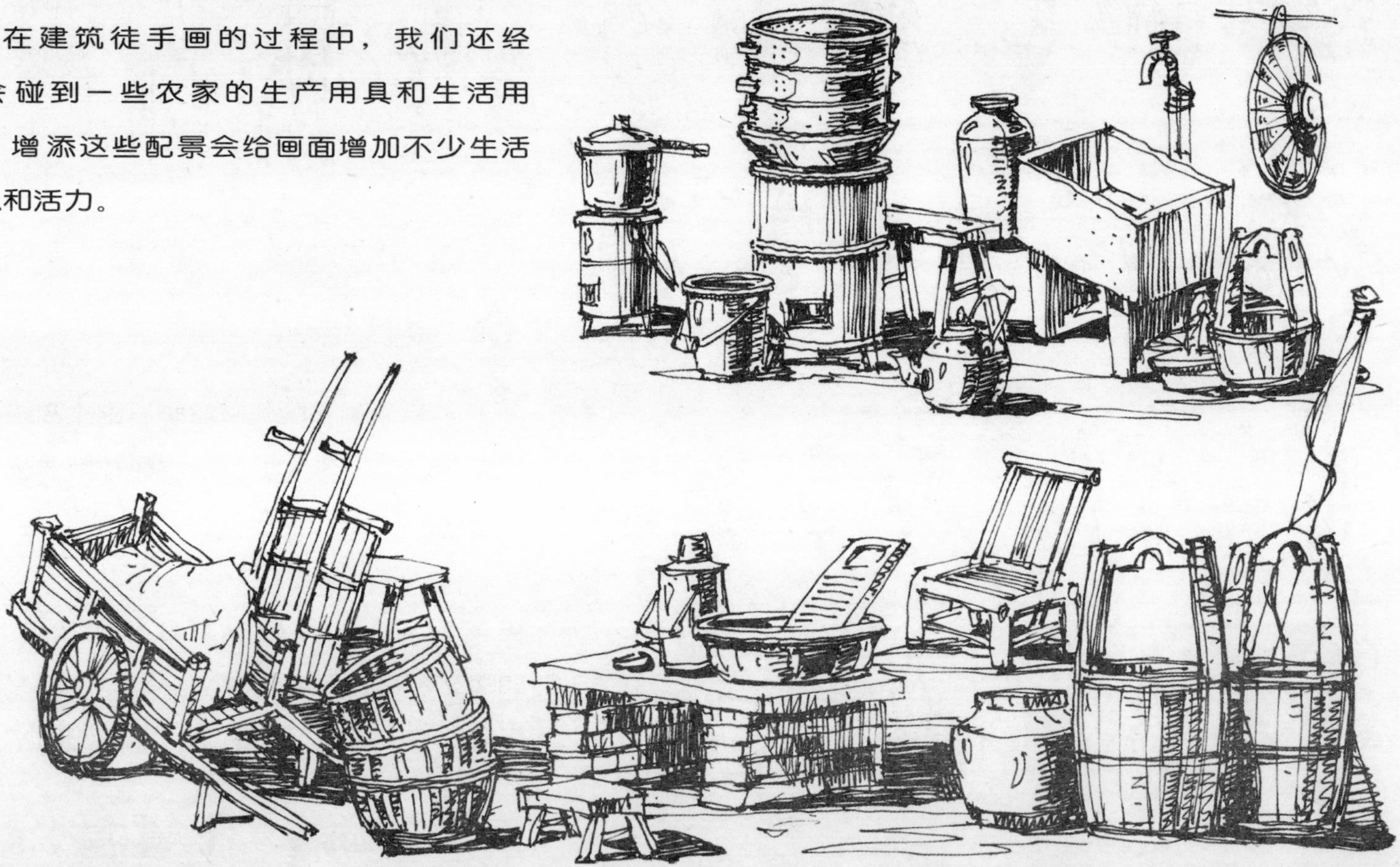

8—5　建筑材质与局部画法

建筑界面各种材料的质感表现，也是非常重要的。仔细观察并感受一些材质的特征，并能有效地将其表达出来。

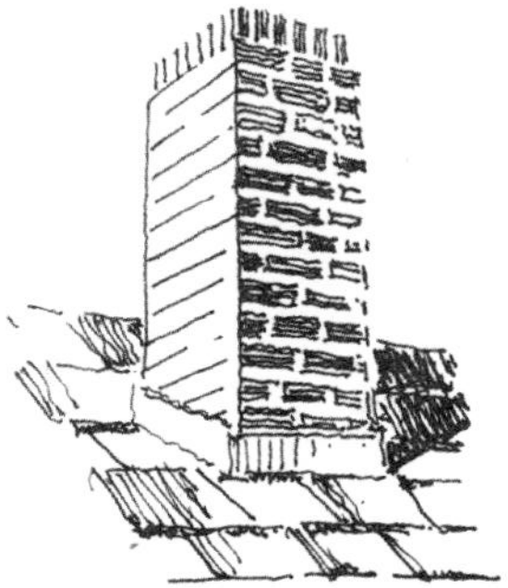

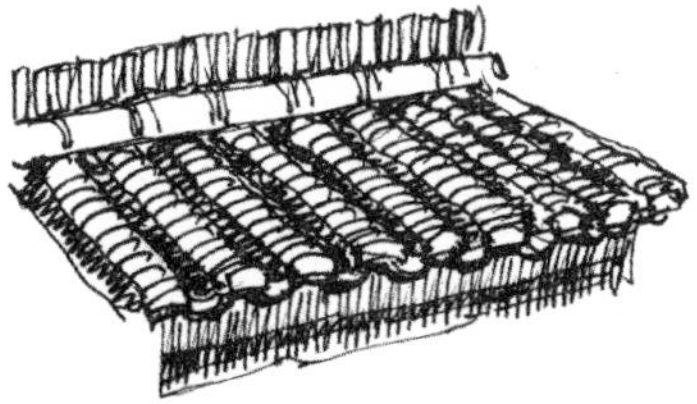

9　作图步骤与画法

钢笔徒手画在户外作画，对于一名初学者来讲，确有一定的难度和一个不知所措、无从下手的过程，对于这种现象还是很难避免的，只有多练习，尽快走出这些过程。户外作画通常可分为“　动　”与“　静　”二个大步骤和六个小步骤。

9—1　动态步骤

1）**观察**——对环绕所绘景物以及四周的环境进行仔细观察，了解其前后、内外关系，并加以综合分析。

2）**取景**——在仔细观察、分析的基础上，确定画面的主体对象，从不同的角度进行不同的取景、比较，从中选最能反映表达意图的景物与环境。

3）**构图**——针对所确定的景物，在画面中如何表达，最好进行不同的布局与安排，包括某些景物的取舍等。

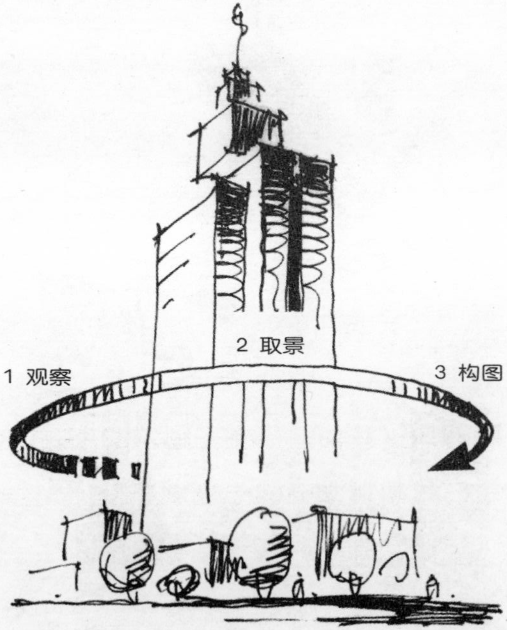

9—2　静态步骤

1）**轮廓**——在动态步骤的基础上，接着就是相对静态的作画过程。起稿，画主体景物的基本轮廓。这一步关键需要掌握好景物整体在长、宽、高方向的比例关系，以及整体与局部之间的比例关系，同时，不能忽略的还有透视关系。比例与透视是轮廓阶段中最为重要的两点。

2）**细部**——再一次确定轮廓的比例和透视的表达是否准确，在此基础上，对景物中各细部进行刻画，如建筑中的门、窗、屋顶等各构部件进行刻画和周围环境的勾画。

3）**深化**——对景物的整体与局部，或者主体与环境作进一步刻画，如画面的重点与虚实处理。如需要反映光影效果的，还需要进行阴影的绘制，以及细部的修饰与调整等。

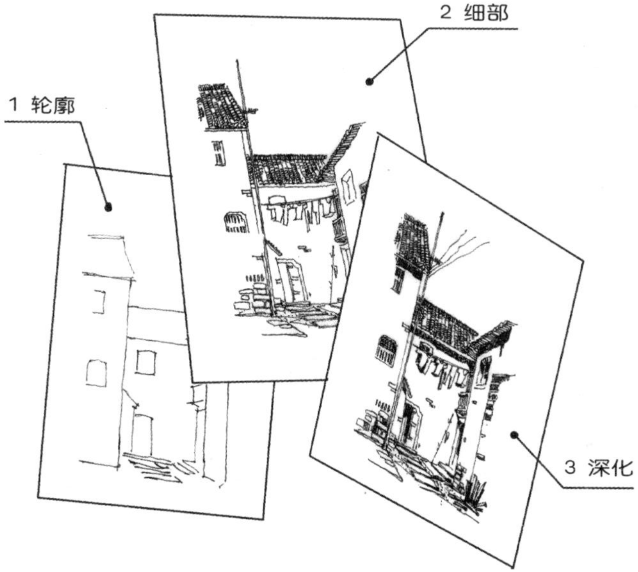

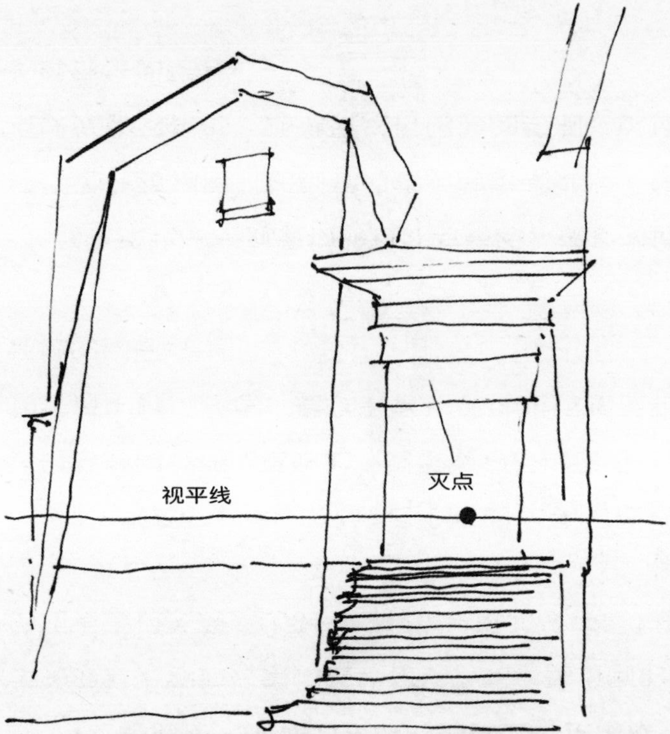

A．基本形体的轮廓　并注意比例和透视

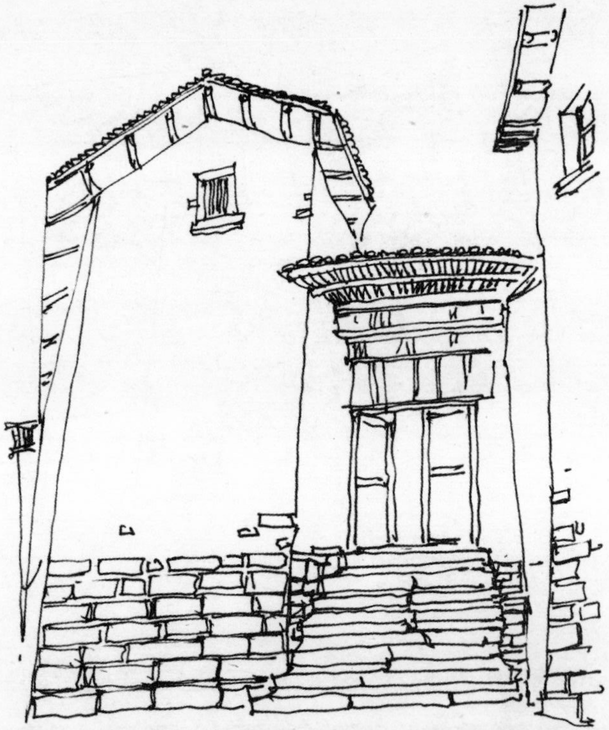

B．房屋主要构架的细部，檐口、门窗、台阶等

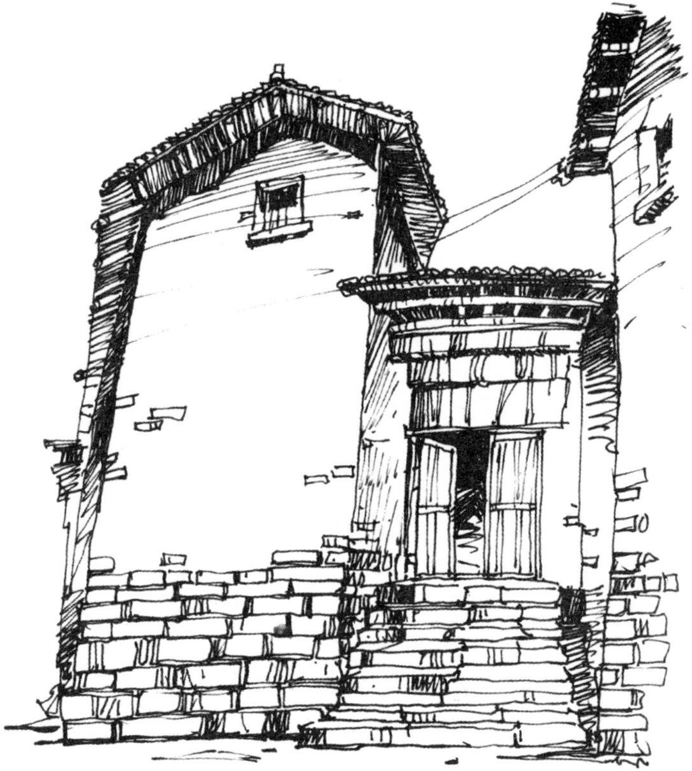

C．以素描排线的用笔，施加光影和材质效果

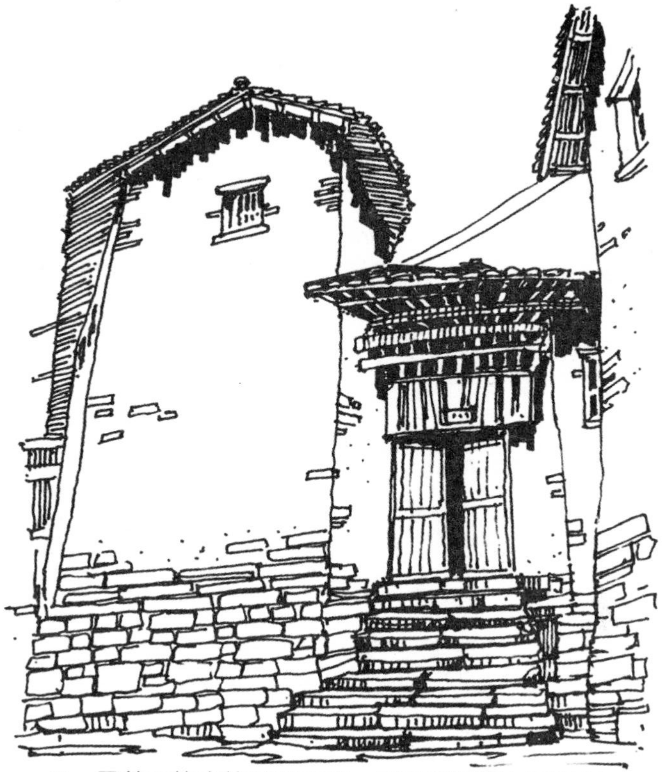

D．用美工笔宽笔触的手法，略加光影和材质效果

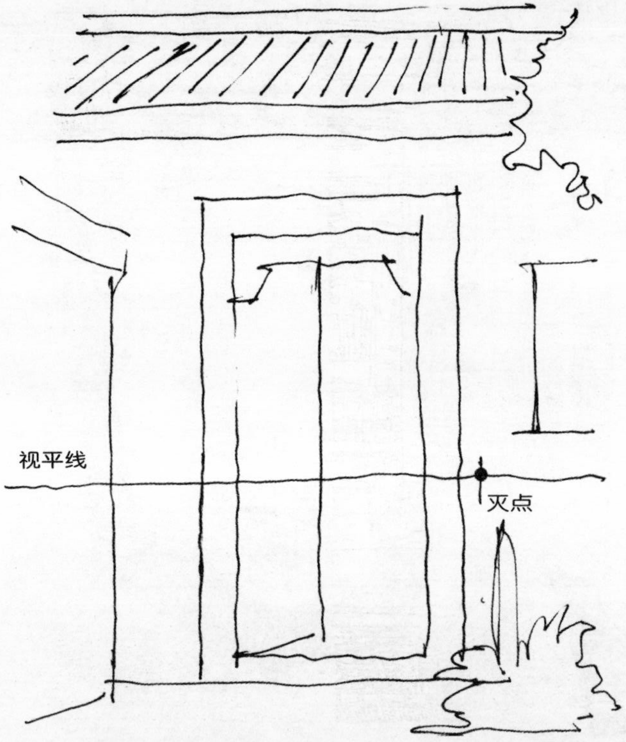

A．绘制建筑基本形体，并注意高宽比例和透视关系
（可用铅笔稿）

B．绘制建筑物主体构件的细部

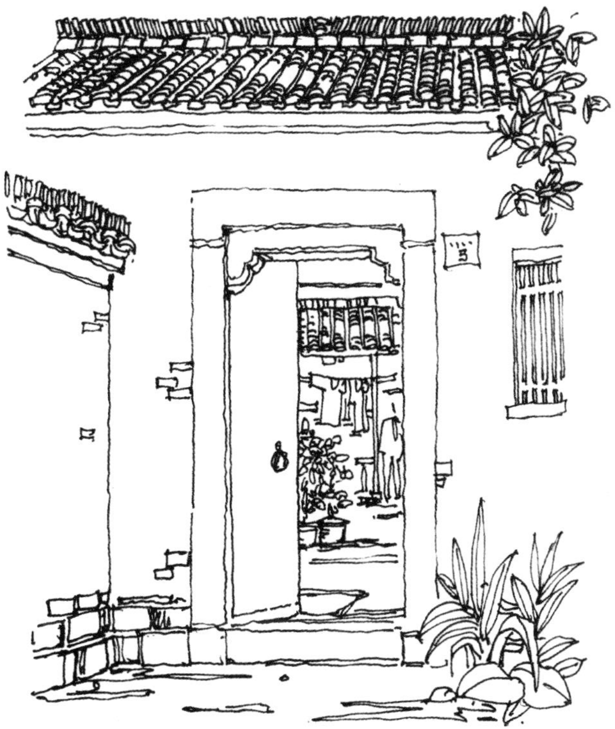

C．以勾线的用笔绘制建筑，没有光影效果

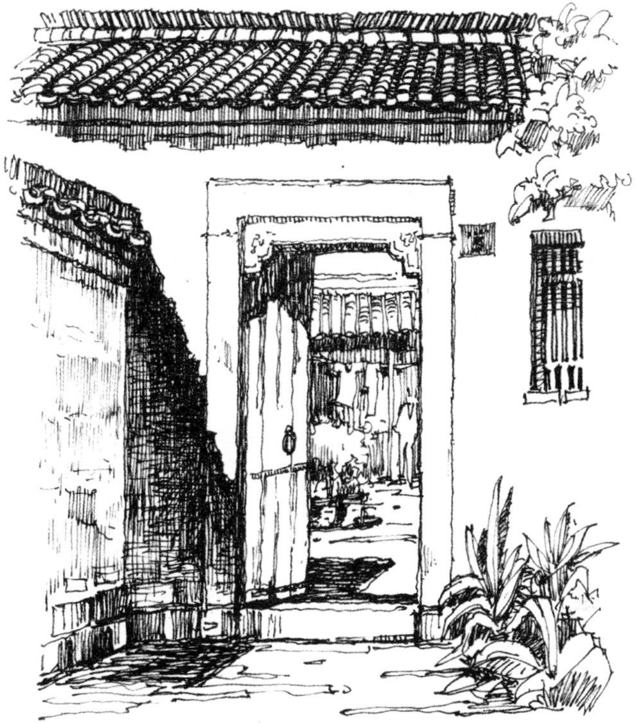

D．以排线的用笔绘制建筑，并绘制了光影的变化

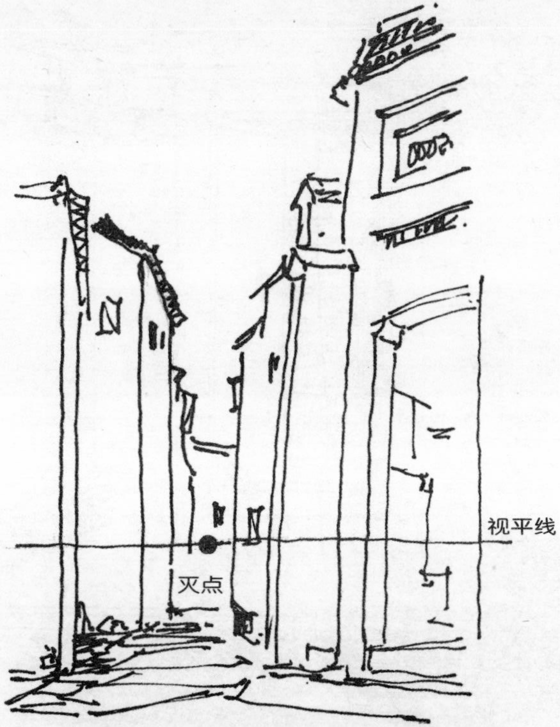

A．基本轮廓和建筑主体构架可同时完成，
比例与透视还是很重要的（可用铅笔稿）

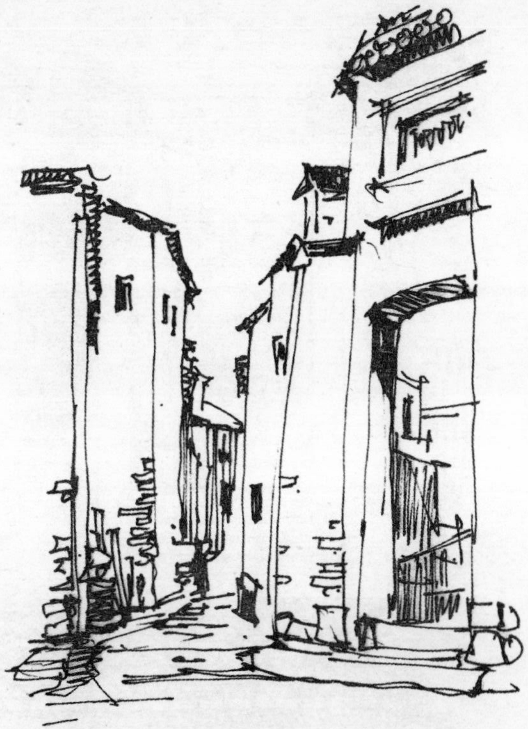

B．以较简略的笔法来表现包括细部

C．墙面排线有一定的角度，并注意光影效果

D．墙面排线以垂直为主，同样要注意光影的变化

A．画群体建筑，首先定视平线，然后勾画各建筑主体骨架

B．在骨架基础上，对各建筑的主体细部进行细化，包括商业铺位

C．以勾线加局部阴影的手法，表现了一条街

D．在勾线加局部阴影手法的基础上，加强了阴影区，阳光感更强

A. 确定视平线，然后勾画建筑形体基本轮廓线，把握好透视

B. 在建筑基本轮廓的基础上，接着勾画建筑各构件的细部

C. 以白描的笔法勾画建筑，并将门窗涂黑，简洁醒目

D. 在上图的基础上，勾画了屋面瓦并增加了阴影区，立体感更强

10 范例赏析

一张表现较为成功的徒手画，它的出现是经过了作者精心设计而绘制的。做到意在笔先，特别要保证有良好的构图，同时，在比例和透视等方面不出问题的情况下，要灵活运用各种不同线条的多种组合，并对部分物体进行必要的概括与取舍，要充分利用光与影的关系，以增加画面的趣味和生动感。

分析与临摹是一种非常重要的学习方法，关键在于搞清楚其方法和道理。

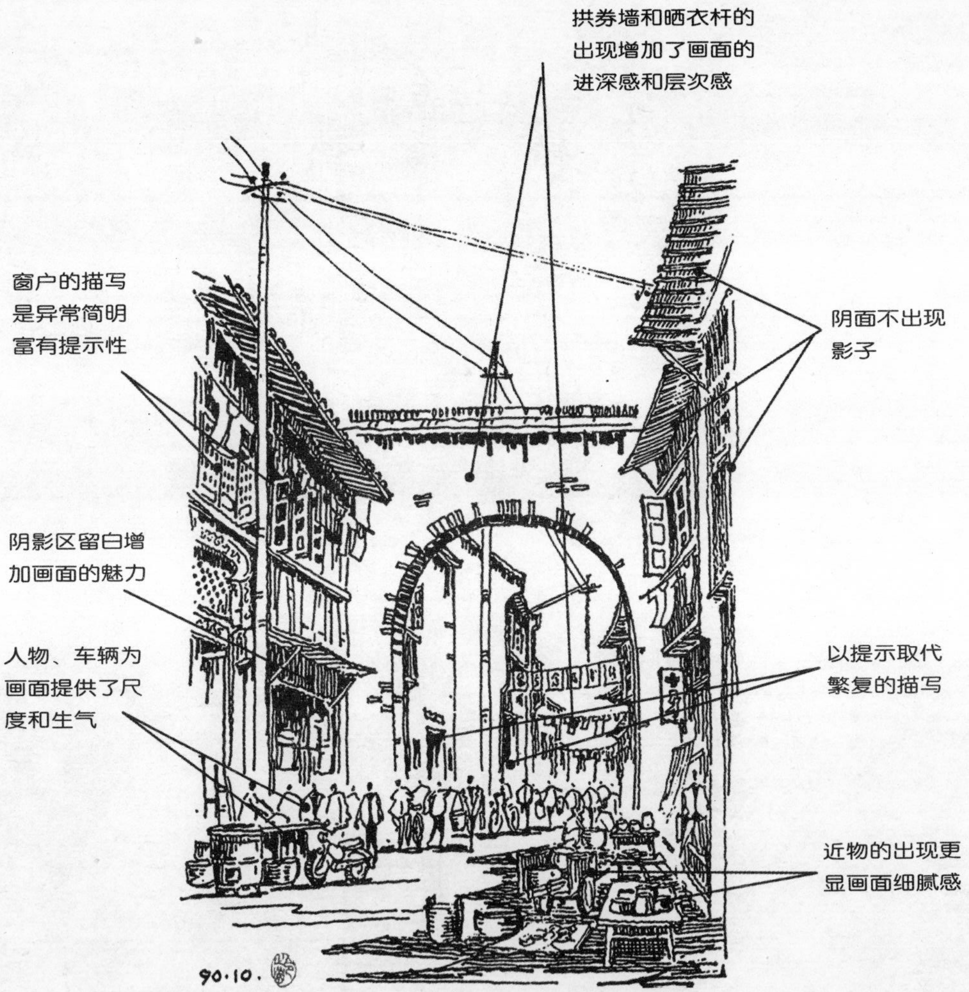
拱券墙和晒衣杆的出现增加了画面的进深感和层次感
窗户的描写是异常简明富有提示性
阴面不出现影子
阴影区留白增加画面的魅力
人物、车辆为画面提供了尺度和生气
以提示取代繁复的描写
近物的出现更显画面细腻感
90·10.

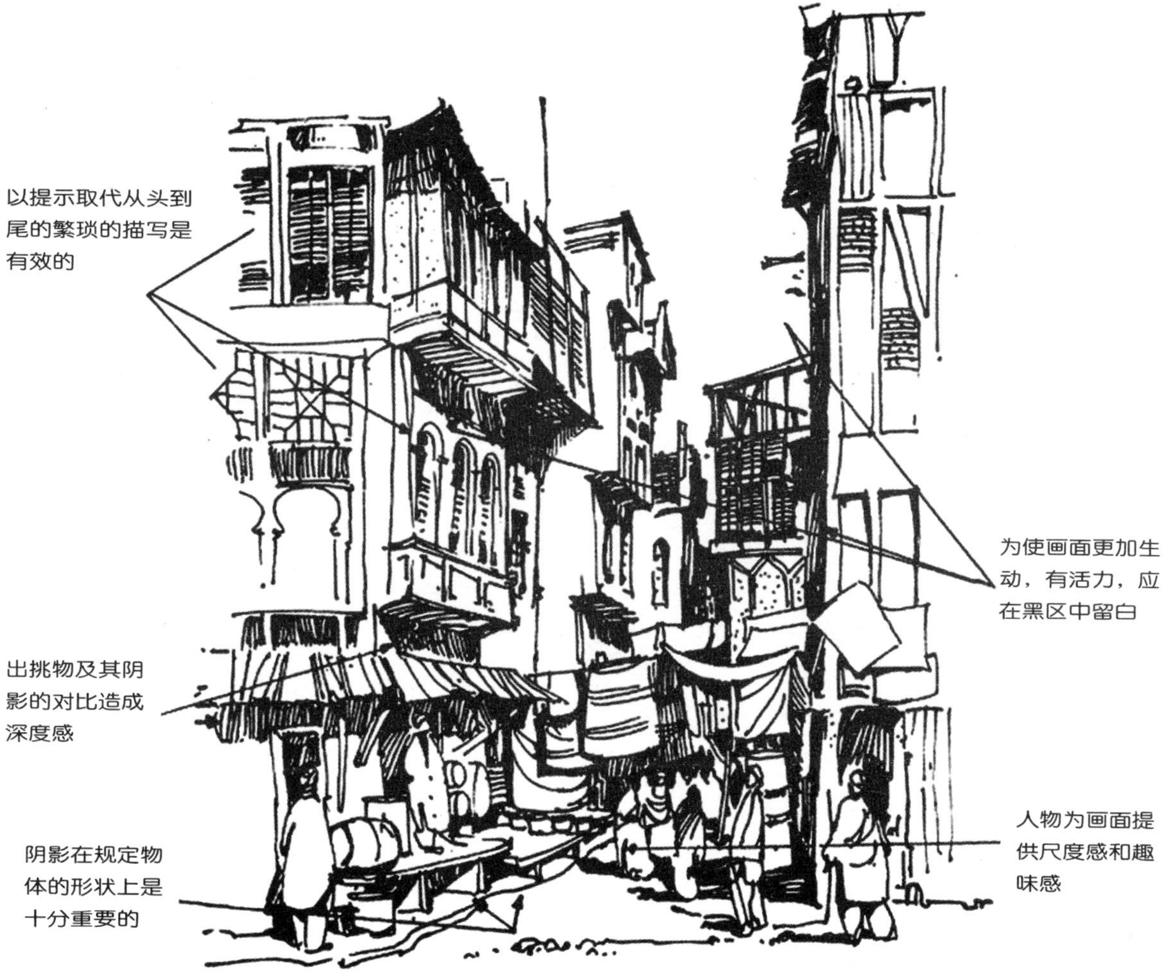
以提示取代从头到尾的繁琐的描写是有效的
出挑物及其阴影的对比造成深度感
阴影在规定物体的形状上是十分重要的
为使画面更加生动，有活力，应在黑区中留白
人物为画面提供尺度感和趣味感

酌情添加生动的阴影区
对窗户的描写异常
简明，富于提示性
屋面质感只
少许提示
黑区中留白
使画面更生动
人、车、摊位的出现，为画面增加
真实性、生动感和尺度感

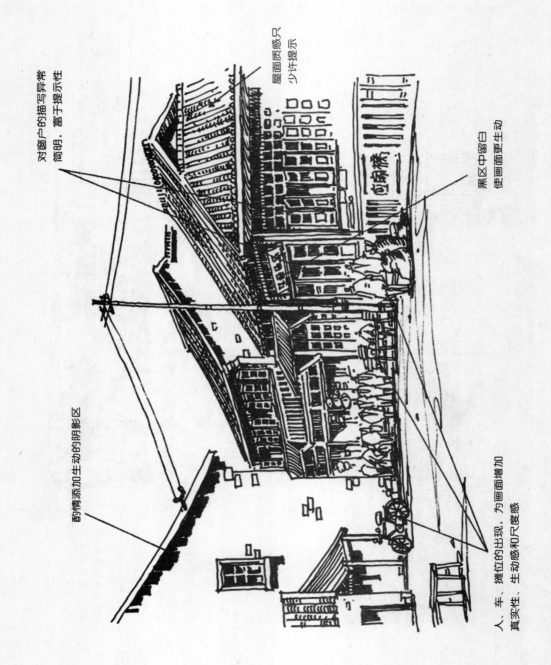

阴影范围内也须勾
画一定的细部
影内的玻璃提亮，
增加了透明度
店铺商品和三轮车
渲染了环境气氛
门窗、雨篷和檐口
部位的透视要准
阴与影也可用灰色
笔填充，以增强画
面体感和整体效果
地面阴影可增强层
次感

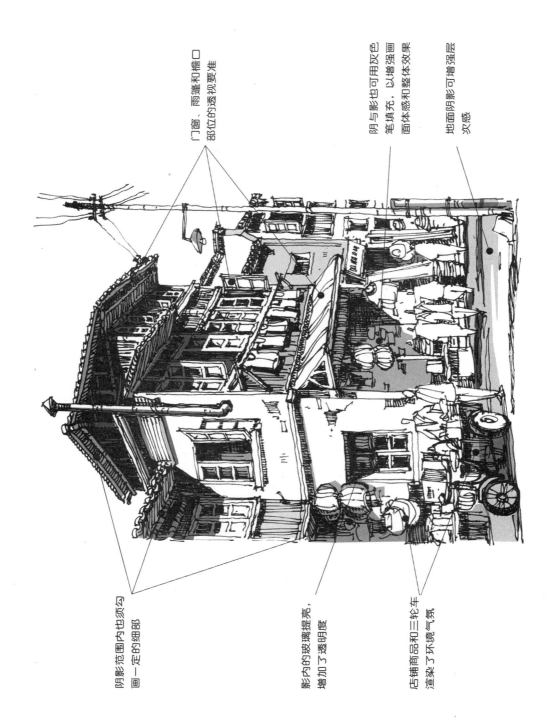

杭州民居之一（童年的老屋）

杭州民居之二（九华庵）

杭州民居之三（留下老街）

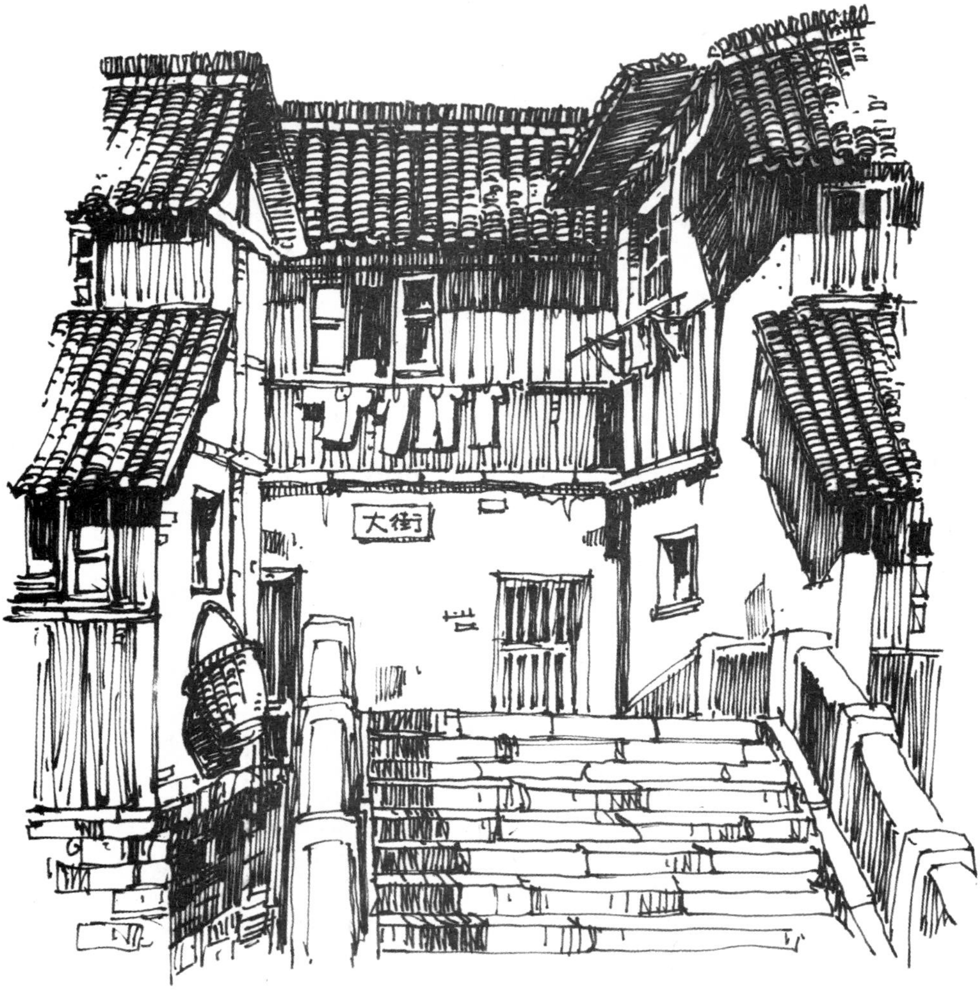

杭州民居之四（留下老街桥头）

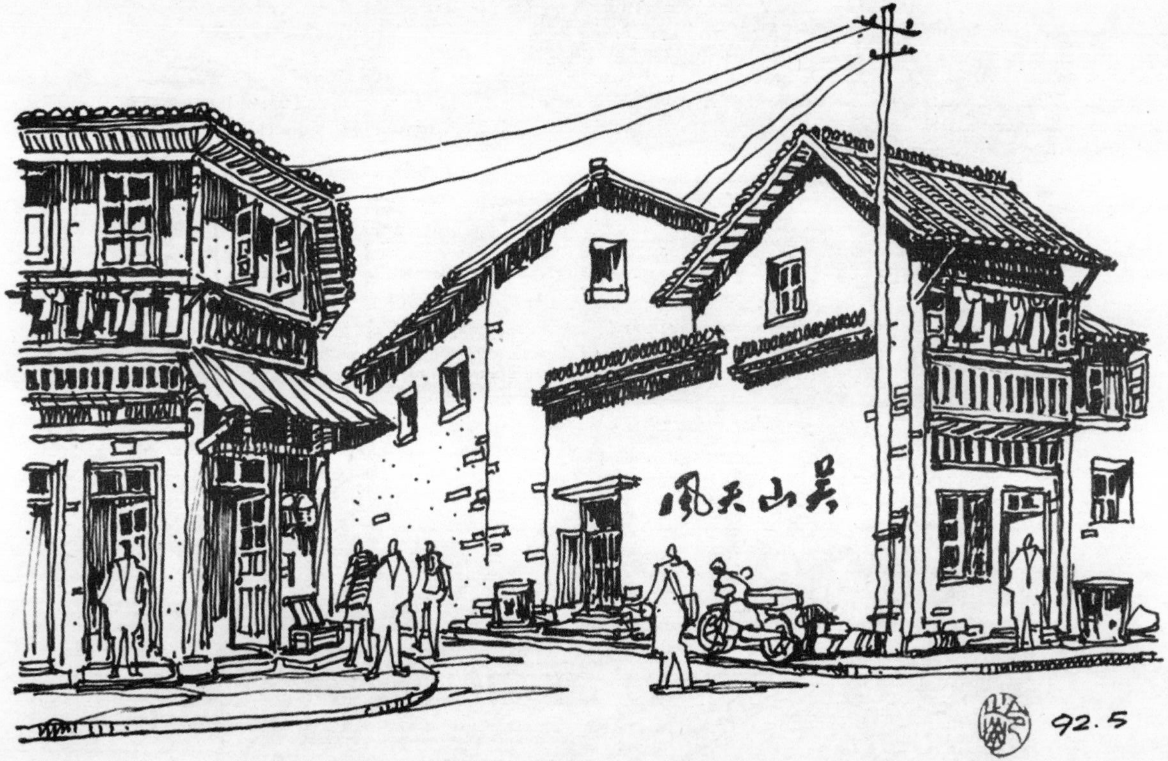

杭州民居之五（十五奎巷）

杭州民居之六（四牌楼）

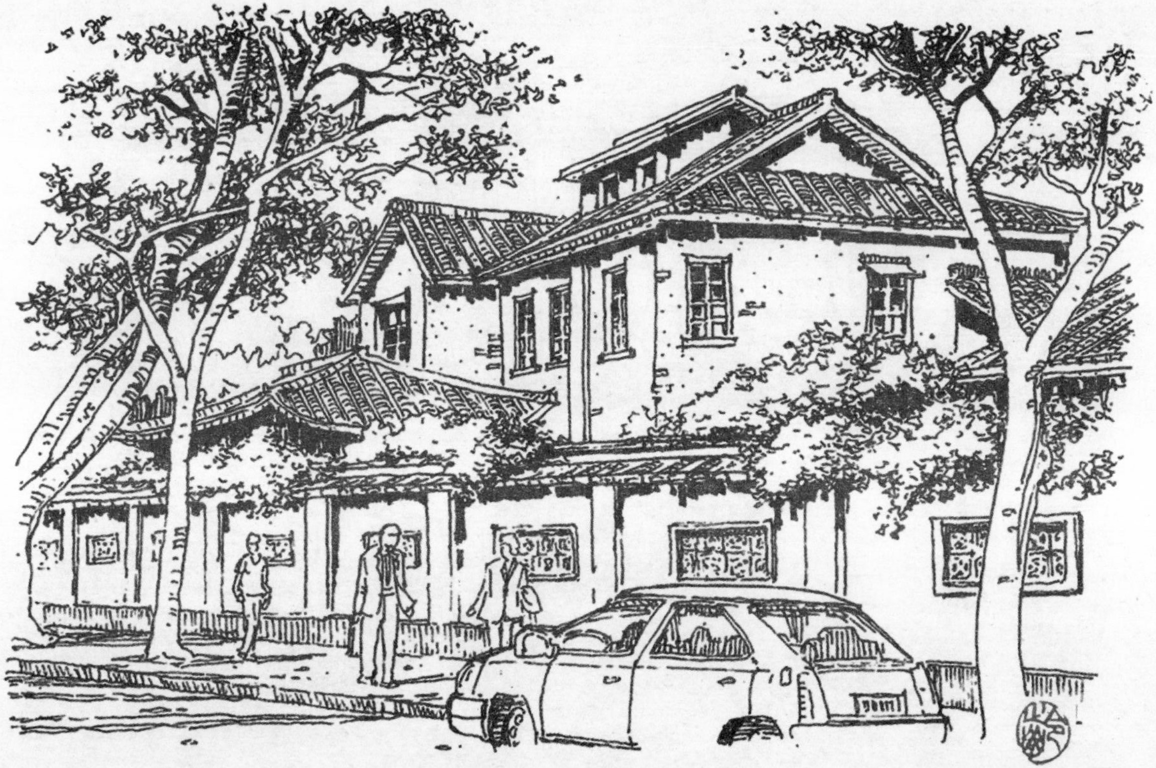

杭州民居之七（西湖北山街）

杭州民居之八（大关老街）

杭州民居之九（富阳龙门）

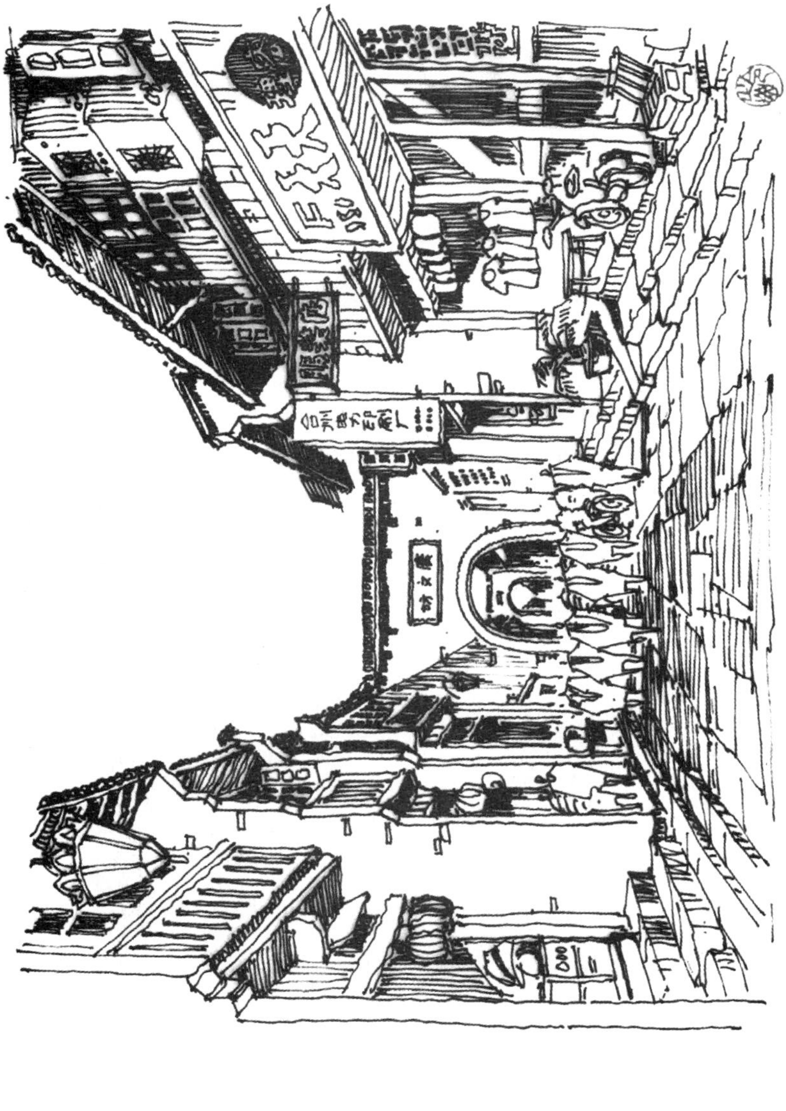

台州民居之一（太平街）

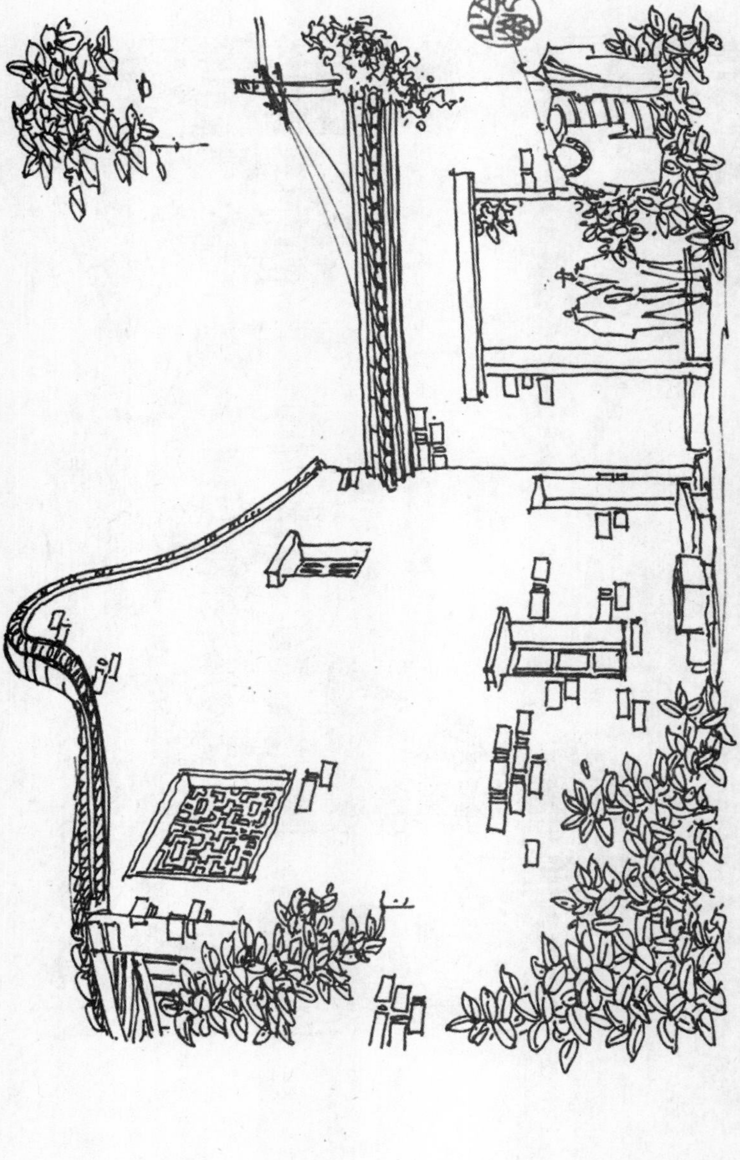

台州民居之二

台州民居之三

苏州周庄老街之一

苏州周庄老街之二

苏州周庄老街之三

安徽民居之一（屯溪老街）

安徽民居之二（屯溪老街）

安徽民居之三（歙县老街）

安徽民居之四（宏村）

安徽民居之五（宏村）

安徽民居之六（宏村民居）

安徽民居之七（卢村）

凤凰古城民居

芙蓉镇老街之一

芙蓉镇老街之二

新疆白哈巴民居

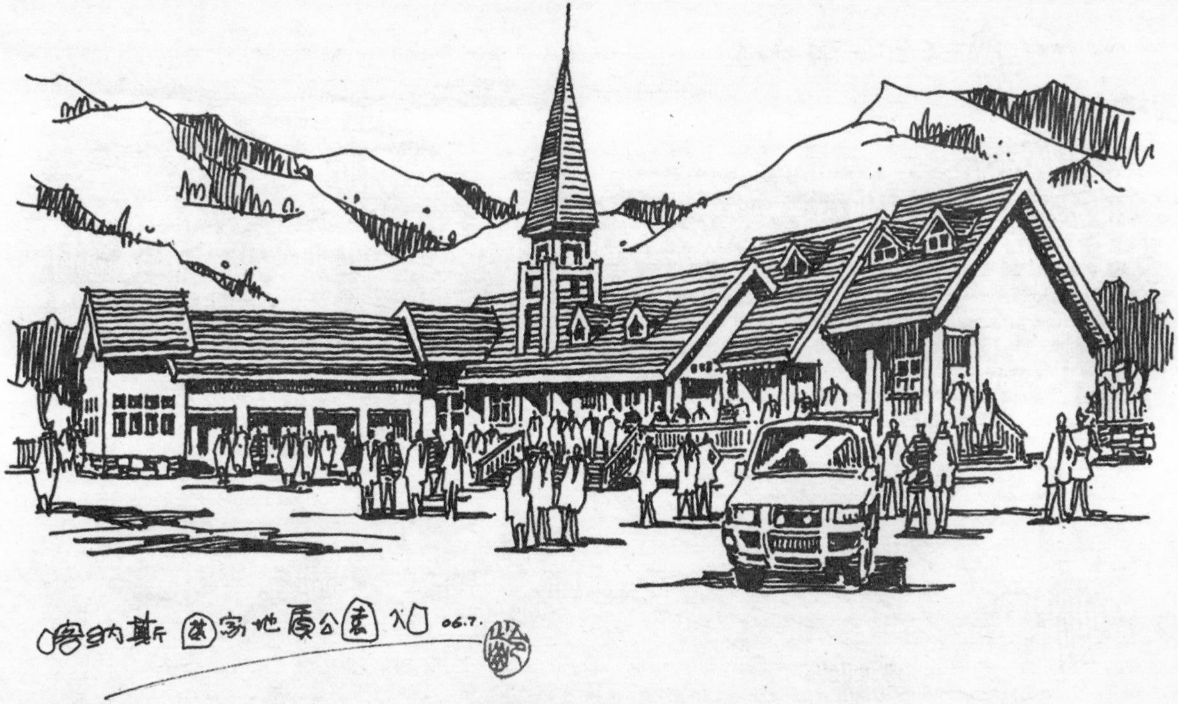

新疆喀纳斯公园入口

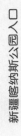

新疆维吾尔族民居

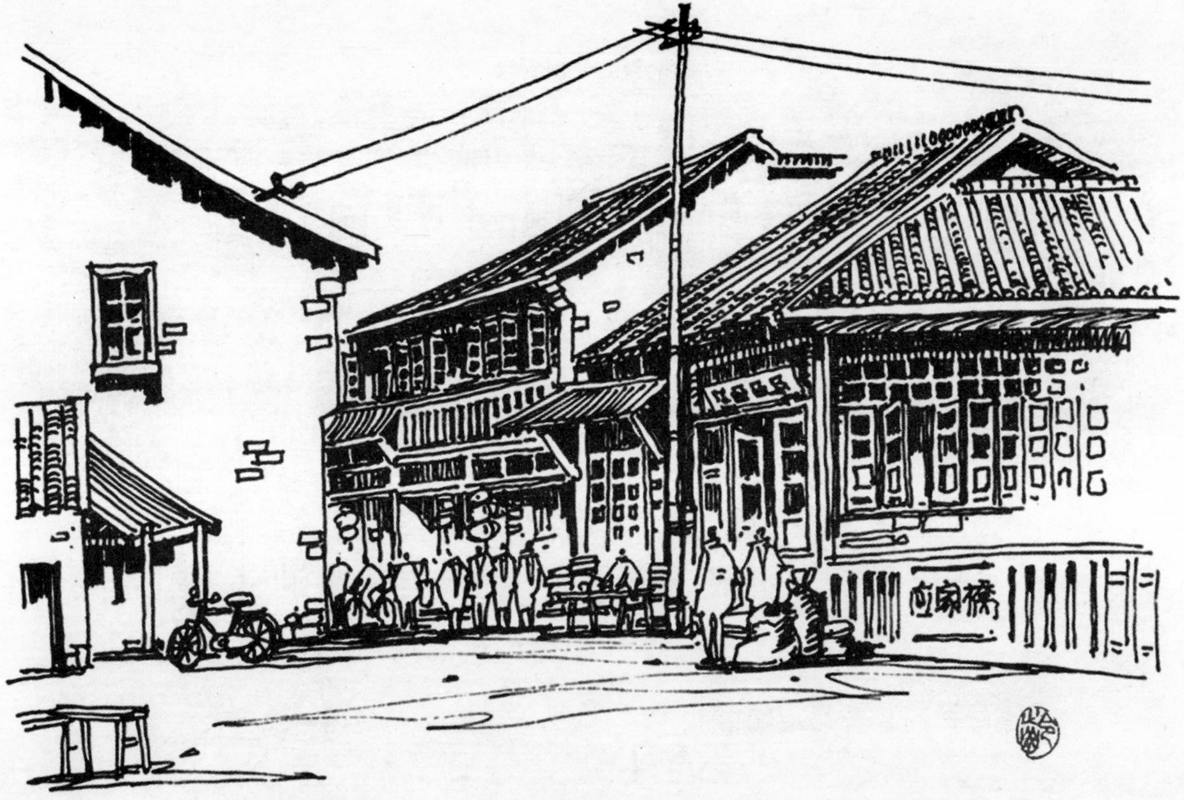

嘉兴乌镇民居（应家桥头）

嘉兴西塘民居之一（东街）

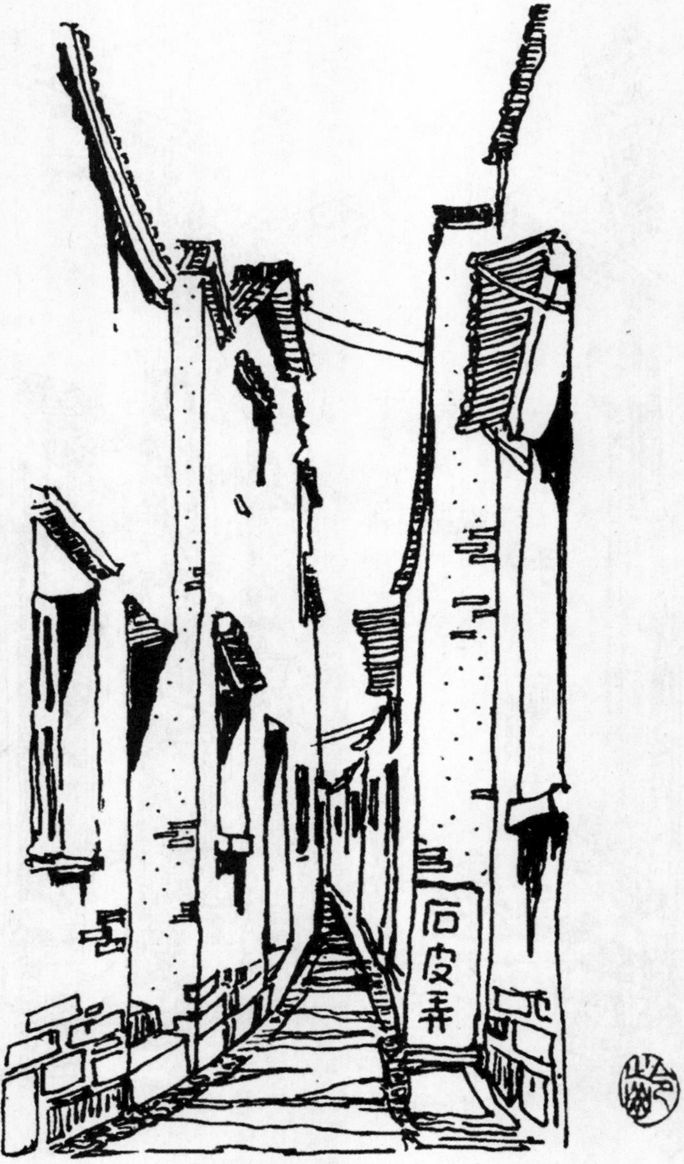

嘉兴西塘民居之二（石皮弄）

嘉兴西塘民居之三（老街）

上海外滩建筑群

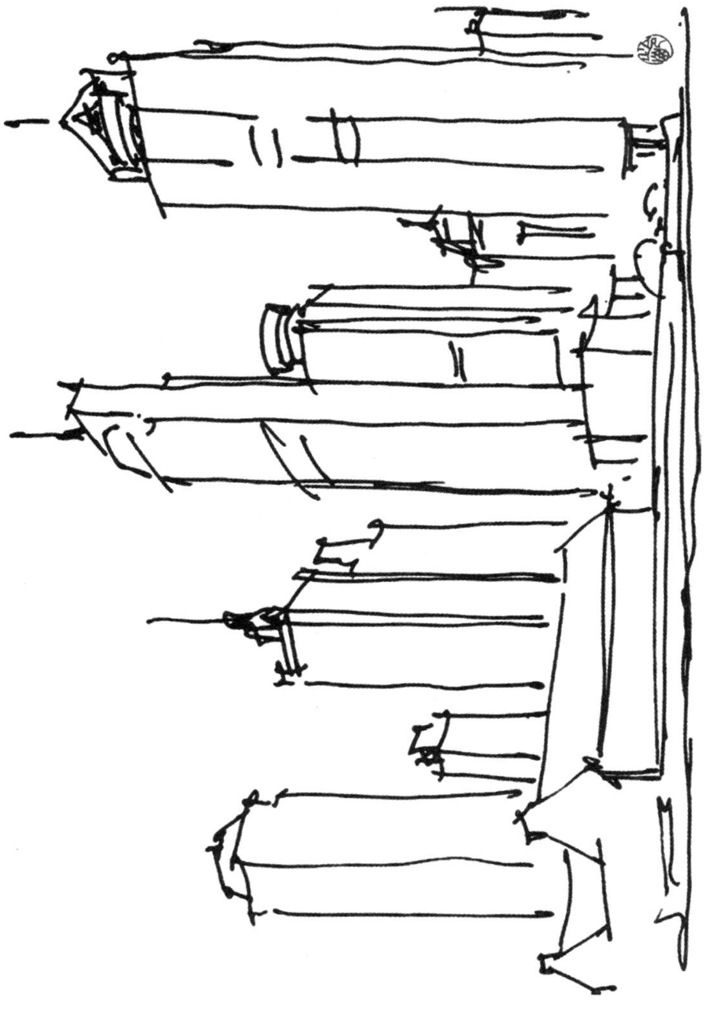

上海浦东陆家嘴高层建筑之一（快速）

上海浦东陆家嘴高层建筑之二

上海青浦民居

贵州西江苗寨

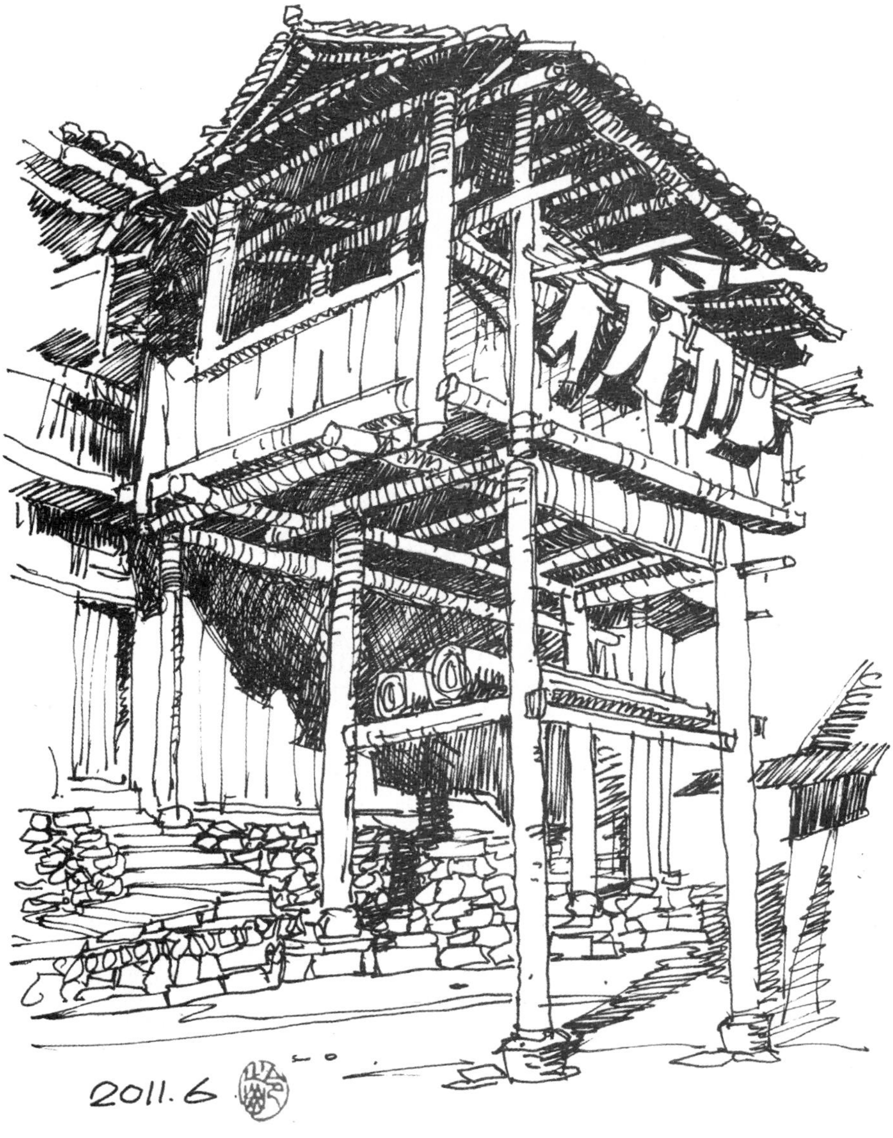

贵州民居（吊脚楼）

桂林大圩古镇

青岛花园洋房

德国柏林大教堂

繁忙的街头（德国）

圣母永福教堂（威尼斯）

英国皇家法院

欧洲古典建筑群

11　彩铅表现

彩铅表现在我国流行时间并不长，但它很快就被广大设计者所接受，其最大特点就是方便和快速，同时又不失艺术感染力。

彩铅表现工具简单又便于携带，而且，又很容易修改，非常有利于现作图和快题设计。这方法是比较适合非艺术类招生的设计专业学生的学习。本书以钢笔线条加彩铅的表现方法介绍给广大初学者。

彩色徒手表现作图用色原则：强调色调和谐统一，在快速表现时由于受到时间和画面大小的限制，这要求作者有高度的概括和提炼能力，做好色相之间的相互过渡或对比，使其色彩和谐统一，主体重点突出，从而增加彩铅表现的艺术魅力。

11—1　彩铅表现的笔与纸

笔：彩铅可分为干性和水溶性两种，干性的价格便宜，水溶性的价格贵。从使用上讲哪个好，只能说各有特点，以个人爱好或作画风格而定。

彩铅还可分进口的和国产的两种，同时从色彩上又可分 24 色、36 色、48 色和 72 色，通常色彩多的使用方便。本教材中使用的是国产 72 色彩色铅笔，本人使用已可满足一般绘图要求。

纸：彩铅对纸张的要求不是很严，要求纸面光平即可，但不能太光滑，如铜版纸它会降低着色力。复印纸是一种经济实惠的用纸，另外，设计用的硫酸纸（又称描图纸）可以根据需要正反两面着色，表现出各种色彩不同的明度。

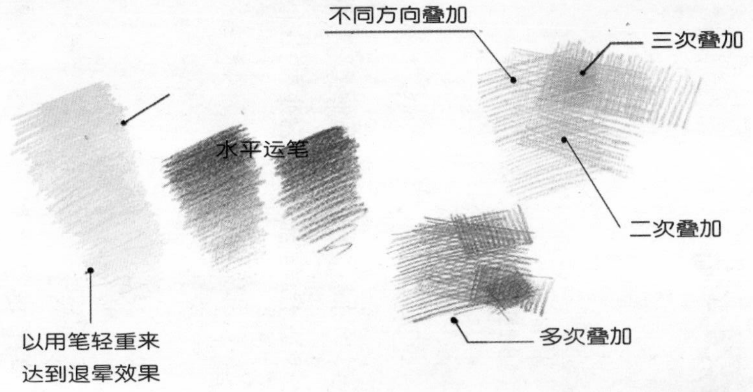

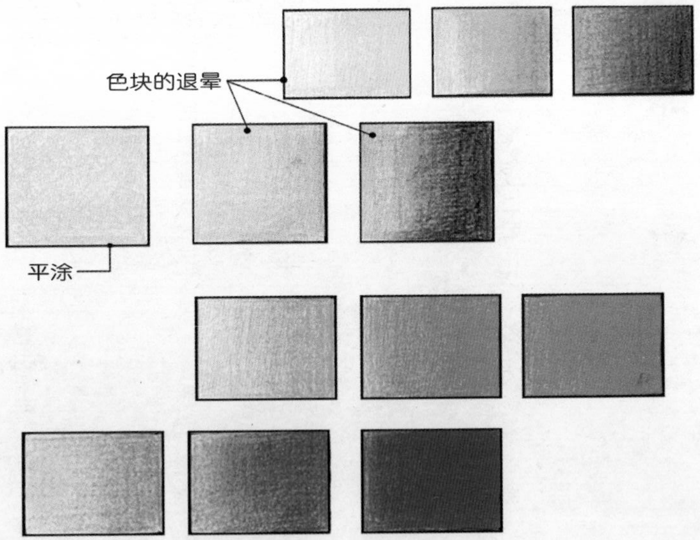

11—2 着色步骤

A．天空与瓦片

B．墙体与木构件

C. 道路与河堤

D. 绿化与修饰

法国乡村建筑

山寨民居

新疆白哈巴民居

欧式古典建筑群

威尼斯圣母永福教堂

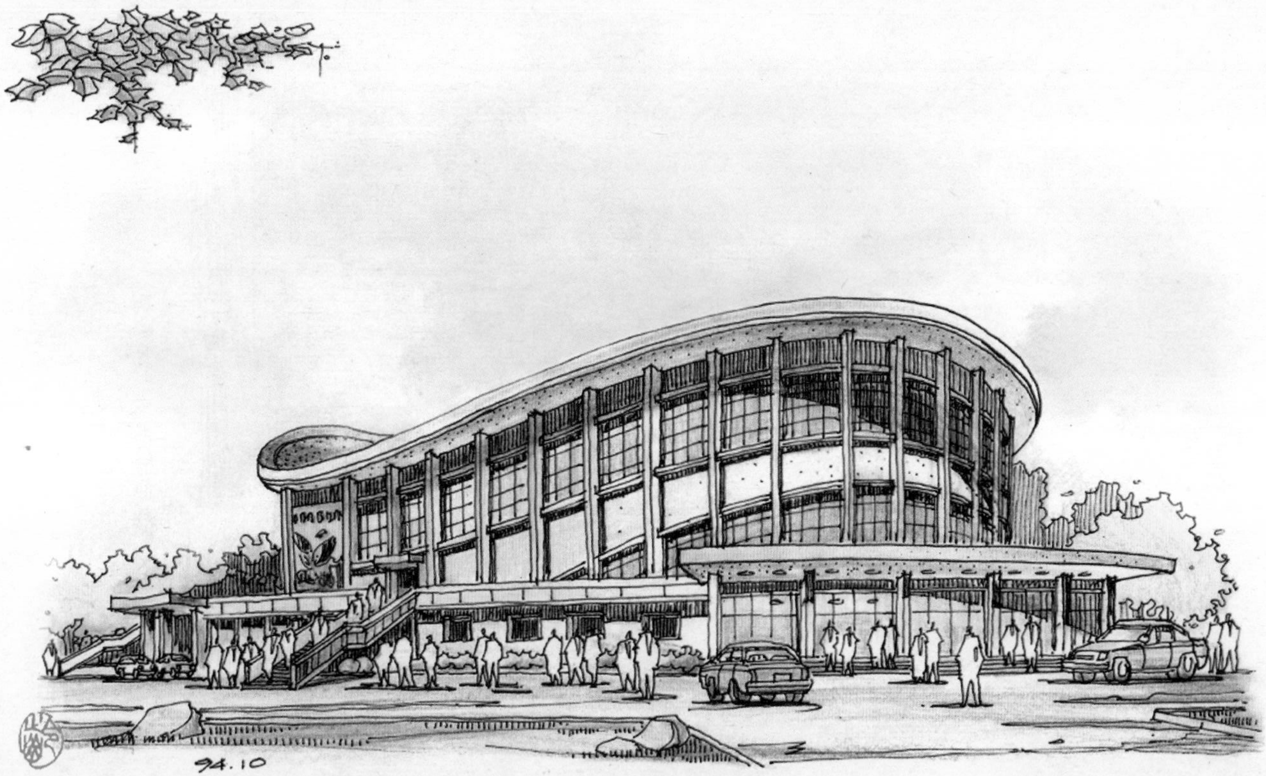

杭州体育馆（原浙江体育馆）

杭州黄龙饭店

乌镇西栅老街（曾获全国速写大赛一等奖）